JN048602

八澤の
たった3時間で

古文読解

マナビズム
八澤龍之介
著
Ryunosuke Yazawa
(ManaviisM)

Gakken

この本を手に取ったキミに

古文嫌いによる古文嫌いのための古文読解の参考書

はじめまして！　マナビズムの八澤龍之介です。僕は高校生のとき、古文が本当に大っっ嫌いでした（笑）　おそらく本書を手に取ったキミもそうじゃないかな？　この本は、そんな古文嫌いだった僕が、古文嫌いのキミに、**初見の古文の文章でもスラスラと読んでいけるようになる方法を伝える**ために作りました。

初見の古文の文章を読めるようになるために

初見の古文の文章を読めるようになるためには、次のような流れで勉強していくのが基本です。

❶古典文法の理解　＋　❷古文単語の暗記
❸読解法（読み方のルール）の習得
❹読解演習（❶❷❸の知識を使って演習する）

多くの受験生が「❶と❷さえ習得してしまえば、古文の文章が読めるようになるだろう」

と勘違いしています。しかし、大学受験は、そんなに甘くはありません。

本書の目的は❸読解法の習得

初見の文章が読めるようになるのはまだまだ先のお話。「❶古典文法」と「❷古文単語」を習得したうえで、**「❸読解法」を学び、「❹読解演習」を積むことで、ようやく初見の文章を読むことができる**ようになっていきます。そのうえで、**本書は、「❸読解法の習得」を目的としています。**もし、まだ「❶古典文法」に不安があるようであれば、本書を始める前に必ず❶を完成させるようにしてください。自著の『八澤のたった6時間で古典文法（Gakken）』を勧めますが、完成させられるのであれば、学校・塾・予備校の授業や教科書、他の文法書でも問題ありません。また、「❷古文単語」に不安があるようであれば、必ず本書を進めながら覚えきるようにしてください。国公立文系・最難関私大・難関私大の志望者は必ず600語レベル、国公立理系（共通テストのみ）・標準私大の志望者は300語レベルの古文単語の暗記を、本書の終了時点までに完成させましょう。

古文の読解法は最短最速で学ぶ

一般的な予備校では、古文の授業が年間40講ほどあります。最初の10講程度の授業で「❶古典文法」を終わらせて、それと並行して生徒たちが「❷古文単語」を覚えていく。そこから、1〜2講程度使って「❸読解法」に軽く触れ、残りの授業は「❹読解演習」をし、その中で❶❷❸を確認していくという流れです。**つまり、予備校の授業でも「❸読解法」についてしっかりと授業で取り扱う機会は数回しかないのです。なぜなら、その程度で十分事足りますし、**

時間をかけずに軽く触れたあとで、**「❹読解演習」の中で反復して❸に戻っていくほうが合理的だからです。**

それに比べると、既存の古文の「❸読解法」を学ぶ参考書は時間がかかるものが多いです。実際の授業では、❸の習得に1ヵ月も2ヵ月もかけません。そのため、本書では古文読解の際のルールをできるだけ簡潔にまとめ、可能な限り時間をかけないで済むように設計しました。本書の一旦の終了目安は1～2週間とします。それ以上、時間をかけないように注意してください。その後は、すぐに「❹読解演習」に進み、その中で❶❷❸（本書のミニブック）でこれらの要点が確認できるようになっています）を都度確認して、覚えた知識を生かせるように演習を繰り返していきましょう。

最小の労力で最大の結果を

繰り返しますが、本書のテーマは「**❸読解法の習得**」です。しかも、時間をかけずに最速で終わらせることを目標とします。本書付属の**ミニブック**の暗記は「❹読解演習」と並行して、志望校合格に必要なところだけ覚えていくようにしてください。

たった3時間の動画で、最大の結果を。未来の自分にワクワクして、いざ、ここから一緒に進めていきましょう！

著者　八澤　龍之介

CONTENTS

八澤の　たった3時間で古文読解

目次

本書の特徴

受験に必須の古文読解を最速で駆け抜ける

本書は、「受験に必須の古文読解を最速で駆け抜ける本」を基本コンセプトに、古文読解のエッセンスを３つのチャプターに凝縮しました。
本書の内容をマスターすることで、古文読解に関しては、最難関レベルの大学入試の問題に挑むことができる力が身につきます。

参考書

丁寧な解説とスモールステップ式の4つの手順に沿った学習を積むことで、読解法が理解できる➜読解法を使って問題が解けるまで、確実に導く。

×

授業動画

マナビズム超人気講師の八澤龍之介先生による、「超」がつくほど面白くてわかりやすい授業動画が、学習を完全サポート。白熱の授業で、絶対に挫折させない。

×

ミニブック

大学入試に立ち向かうために必要な知識を集めたツール。本書から取り外して持ち運べるので、スキマ時間にどこでも復習することが可能。

基本構成

古文読解を４つのステップで完全攻略

全てのチャプターは次の４つのステップから構成されています。
ステップに沿って学習を進めていくことで、古文読解の力が着実に身につきます。

STEP 1
講義

古文読解を講義調の文章で徹底的にわかりやすく解説。
二次元コードから著者の八澤龍之介先生による
授業動画にもアクセスでき、スマホでいつでも
どこでも何度でも授業が受けられる。

STEP 2
要点整理

STEP 1で説明した内容の要点を
コンパクトに整理して掲載。

STEP 3
一問一答

STEP 1の講義が身についているかを
一問一答形式でチェック。

STEP 4
基本練習

STEP 1～STEP 3までの内容の
理解度を問題形式で問う。

勉強法

著者直伝　本書の理想的な使い方

参考書は使い方次第で、学習効果に大きな差がでるものです。
そこで、著者本人による「本書の理想的な使い方」を最初の授業動画で伝授します。
勉強を開始する前に、必ず視聴してください。

NOTE

チェック!

- ☑ ＿＿＿＿＿＿＿＿ を視聴する
- ☑ ＿＿＿＿＿＿＿＿ を暗記する
- ☑ ＿＿＿＿＿＿＿＿ に取り組む
- ☑ 最後に ＿＿＿＿＿＿＿＿ を解き、解説動画を視聴する
- ☑ 最終ゴールは ＿＿＿＿＿＿＿＿ の必要な箇所を覚え、入試本番で生かすこと

動画のご利用方法

動画の二次元コード一覧

本書の二次元コードがついた部分は、コードを読み込み、YouTubeで授業動画が見られます。スマホやタブレットを利用し、視聴してください。なお、二次元コードの一覧を次に用意しました。このページから各動画にアクセスすることもできます。ぜひ、ご利用ください。

授業動画

Chapter 1

Chapter 2

Chapter 3

総合問題

一問一答（動画で暗唱！）

Chapter 1

Chapter 2

Chapter 3

総合版

※お客様のネット環境およびパソコンや携帯端末の環境により、音声のダウンロードや再生、動画の視聴ができない場合、当社は責任を負いかねます。また、動画の公開は予告なく終了することがあります。

Chapter

1 基本のルール

講師　八澤龍之介

授業動画へアクセス

早速 Chapter 1 に入ってほしいところですが、その前に、必ず**本書をどれくらいのペースで終わらせるか**を決めてから、取り組むようにしてください。初見の古文を読めるようになるには、まず❶古典文法と❷古文単語、その次に❸読解法の習得、そして、❹読解演習という流れが基本です。**本書で取り扱うのは、❸読解法の習得**。ここは、できる限り時間をかけたくありません。推奨は、2週間。早ければ1週間で、一通りの映像授業を見て、❹読解演習に入るようにしましょう。本書付属の ミニブック の暗記は、❹の読解演習と同時進行で構いません。

では、いよいよ Chapter 1 に入っていきます。ここでは、古文を読んでいく際に使う、超基本のルールをキミに授けます。簡単な例題を使用しながら、ルールを紹介していくので、気負わずについてきてください。最初は、我流で LESSON に取り組んで構いません。

LESSON 1

傍線A・Bの主語を文章中の言葉を使って答えなさい。

和泉（いづみ）式部が女（むすめ）、小式部内侍（こしきぶのないし）、※この世ならず※わづらひけり。※かぎりになりて、A人顔なども※見知らぬほどになりて、※臥（ふ）したりければ、和泉式部、かたはらにそひて、額をおさへて泣きけるに、B目をわづかに見あけて、母の顔を※つくづくと見て、…『十訓抄』

解答

A

B

ヒント！

この世ならず…ほとんど死ぬほどだ

！重要 わづらふ…病気になる

！重要 かぎり…臨終

見知る…見てそれとわかる

臥（ふ）す…横になる（※ここでは「病気の状態で寝ている」）

つくづくと…じっくり

✔ 多義語の場合は、この文章中での意味のみ挙げた。今後の文章中の ヒント！ も同じ。

✔ ！重要は入試本番までに覚えておきたい単語。本書で！重要と書かれているものが訳せなかった場合、深く反省し自分の使用している古文単語帳に立ち戻ること。

❶ 和泉式部(いづみしきぶ)が女(むすめ)、❷ 小式部内侍(こしきぶのないし)(が)、この世ならずわづらひけり(過去)。
和泉式部の娘の、小式部内侍が、今にも死にそうなほどの重病になった。

「❶和泉式部」「❷小式部内侍」は人物なので、□で囲みましょう。**新しい人物が出てきたら□で囲んで、その上に番号をつけて整理をしていきます。**「和泉式部が女」の「が」は、「の」と訳し、❶と❷が母と娘の関係であることを整理します。**そして、体言の下に助詞がない時は、「が（は）・を」を補います。**

POINT 1
登場人物は□で囲み、番号をつけて整理する。
・同じ人物の呼び名が変わった場合も、同じ番号をつけていく。
・どの番号の登場人物が高貴なのかを意識する。

POINT 2
体言の下に助詞がないときは、「が（は）・を」を補う。

（❷小式部内侍は）かぎりになりて、（❷小式部内侍は）人顔なども見知らぬほどになりて、

（いよいよ）臨終というときになって、人の顔も見分けがつかない状態になって、

「かぎり」は重要古文単語で、ここでは「臨終」の意味です。二人の登場人物のうち、「臨終（死に際）」になっていると思われるのは、❷小式部内侍なので、主語として補いながら読み進めます。このように、**古文では主語が省略されることが多いので、主語がない文には、主語を補うことが大切です。**

そして助詞の「て」に注目しましょう。**「て・で・つつ」の前後では主語は90%変わりません。「て・で・つつ」があったら○で囲み、チェックをしておきましょう。**もちろん「て・で・つつ」があっても、主語が変わる場合もあるので、その後の文も読んで最終判断をします。傍線Aの「人顔なども見知らぬほどになりて」は「見てそれとわかる」という意味の「見知る」という単語の下に打消の助動詞「ず」の連体形「ぬ」が接続しているので、「人の顔も見分けがつかない状態になって」と訳します。病状がひどくてこのような状態になっているのは❷小式部内侍なので、**傍線Aの主語の解答は「小式部内侍」になります。**

POINT 3

「て・で・つつ」には○のチェックをし、前後で主語が変わりにくいことを意識する。

・「て・で・つつ」の前後では、主語は90％変わらない。

（❷小式部内侍は）見知らぬほどになりて、（❷小式部内侍は）臥したりければ、❶和泉式部（が）、かたはらにそひて、…

（見知らぬ：打消／臥したり：存続／けれ：過去／臥：ふ／和泉：いづみ）

寝ていたところ、和泉式部が、そばに付き添って、…

「臥す」は「横になる」という意味の重要単語。「臥したりければ」の直前に、主語が変わりにくい「て」もあるので、主語は❷小式部内侍です。病状が悪く、寝たきりの状態になっているわけですね。そして「ければ」が「已然形＋ば」の形になっています。ここの「已然形＋ば」は、「～ところ」という意味です。**「を・に・ば・ど・が」の前後では主語が変わりやすい**ので、気をつけるために、常に**「を・に・ば・ど・が」があったら△で囲み、チェックをしておきましょう。**実際に「ば」の直後を見ると、主語が❶和泉式部に変わっています。今回は、主語が書かれていますが、**「を・に・ば・ど・が」の後で主語が変わっていても、省略されていることも多いのです。「を・に・ば・ど・が」があったら、常に主語に気を配るようにしましょう。**

「かたはらにそひて」は「（❷小式部内侍の）そばに付き添って」と訳せばよいですね。

POINT 4

「を・に・ば・ど・が」には△のチェックをし、前後で主語が変わりやすいことを意識する。

・「を・に・ば」の前後で、主語は70％変わる。

・「ど・が」の前後で、主語は50％変わる。

※「を・に」が格助詞の場合は、気にしなくてよい。

和泉式部（が）、かたはらにそひ(て)、（❶和泉式部は）（娘の）額をおさへて泣きける△に△、
（娘の）額を押さえて泣いたところ、

（❷小式部内侍は）目をわづかに見あけ(て)、（❷小式部内侍は）母の顔をつくづくと見(て)、…
（小式部内侍は）目を少し開けて、母の顔をじっと見て、…

「額をおさへて泣きけるに」も、直前に「て」があるので、主語は❶和泉式部のままです。病状が悪い娘の額を押さえて、❶和泉式部が泣いています。傍線Bは、直前に主語が変わりやすい「に」があるので、「主語が変わるかもな？」と思いながら、先を読み進めます。「目をわづかに見あけて、母の顔をつくづくと見て、」は、「目を少し開けて、母の顔をじっくり見て」と訳します。「母」は、この文章では、❶和泉式部のこと。母の顔を見るのは、娘である❷小式部内侍なので、傍線Bの終わりの「て（主語が変わりにくい）」に着目すると、**傍線Bの主語の解答は、「小式部内侍」だとわかります。**「泣きけるに」の「に」で、主語が❷小式部内侍に変わっているということが、ここで確認できるわけです。

全文解説

❶和泉式部が女、❷小式部内侍（が）、この世ならずわづらひけり。（❷小式部内侍は）かぎりになりて、（❷小式部内侍は）人顔なども見知らぬほどになりて、（❷小式部内侍は）臥したりければ、❶和泉式部（が）、かたはらにそひて、（❶和泉式部は）（娘の❷）額をおさへて泣きけるに、（❷小式部内侍は）目をわづかに見あけて、（❷小式部内侍は）母❶の顔をつくづくと

和泉式部の娘の、小式部内侍が、今にも死にそうなほどの重病になった。（いよいよ）臨終というときになって、人の顔も見分けがつかない状態になって、寝ていたところ、和泉式部が、そばに付き添って、（娘の）額を押さえて泣いていたところ、（小式部内侍は）目を少し開けて、母の顔をじっと

見て、…
見て…

LESSON 2

次の文中の会話部分に「　」をつけなさい。

※おもしろき所に船を寄せて、ここやい※どこと問ひければ、土佐の※泊と言ひけり。

『土佐日記』

ヒント！
!重要 おもしろし…風流だ
いどこ…どこ
泊…港

全文解説

（❶作者が）おもしろき所に船を寄せて、（❶作者が）「ここやいどこ」と問ひければ、
風流な所に船を寄せて、「ここはどこか」と質問したところ、

（❷船頭は）「土佐の泊（とまり）」と言ひけり。
（船頭は）「土佐の港」と言った。

一文が非常に長いこともある古文では、登場人物の会話・心中表現を正確に捉えることが、重要です。そのためのテクニックとして、**「と・とて・など」があったら、その上は会話・心中表現なので、「　」でくる**というものがあります。今回の文章では、まず**「いどこ」の直後に「と」が見つかるので、」をつけておきます。**次は会話の始まりを探します。「おもしろき所に船を寄せて」は、情景描写なので会話部分ではありません。次の部分の「ここやいどこ」は、作者が船頭に質問している内容なので、「**を「ここや」の上につけておきます。「泊（とまり）」の直後にも「と」が見つかるので、」をつけておきます。**会話の始まりを探すと、「ば」で主語が「船頭」に変わり、船頭が質問に対して「土佐の泊（とまり）」と答えていることがわかりますので、**「を「土佐の」の上につけておきます。**よって、**今回の問題の解答は、「ここやいどこ」と「土佐の泊（とまり）」の二箇所になります。**

POINT 5
「と・とて・など」の上には、」をつける。
・文中で助詞「と・とて・など」があれば、その上は会話・心中表現なので、「　」でくくる。
・「は、」をつけてから考える。

LESSON 3

次の傍線部を現代語訳しなさい。

京に入らむ、と思へば、いそぎしもせぬほどに、月出でぬ。桂川、月の明きにぞわたる。

『土佐日記』

全文解説

（❶作者が）「京に入らむ、」と思へば、いそぎしもせぬほどに、月出でぬ。
京に入ろうと思っていたところ、急ぎもしないうちに、月が出た。

（❶作者は）桂川（を）、月の明きにぞわたる。
桂川を、月が明るいときに渡る。

文中に「ぞ・なむ・や・か」があれば文末が連体形に、文中に「こそ」があれば文末が已然形になる法則を**係り結びの法則**といいます。これらのうち「や・か」は、疑問や反語の意味になるため、しっかりと訳さなければなりません。しかし、**「ぞ・なむ・こそ」は強意の意味で、訳さなくても文意がとれてしまいます。そのため、これらの語に×印をつけて、読み飛ばしましょう。**同じパターンで読み飛ばして問題ないものに**「しぞ・しも・しこそ」**などがあります。「いそぎしもせぬほどに、」の箇所は「いそぎしもせぬほどに、」としたほうが読みやすくなりますね。

POINT 6 「ぞ・なむ・こそ・しぞ・しも・しこそ」は、×印をつけて読み飛ばす。

古文では、体言が省略されることがあります。**「連体形＋助詞」**や**「連体形＋、（読点）」**のパターンです。本来なら、「連体形＋体言」になるはずですが、**連体形があるにもかかわらず、その下に体言がない場合は、適当な体言を補って読み進めていきます。**このとき、**補うとうまくいきやすい語は「こと・の・とき・人・ところ」**です。

では、傍線部「桂川、月の明きにぞわたる。」を解説していきます。**体言の下に助詞がないときは、「が（は）・を」を補うとよい**ので、「桂川を、」となります。続いて「明き」が連体形なのにもかかわらず、下に体言がありません。このように、**連体形があるにもかかわらず下に体言がない場合は、「こと・の・とき・人・ところ」のいずれか適当なものを入れて訳すとよい**ので、今回は「月が明るいときに」となります。**「ぞ・なむ・こそ・しぞ・しも・しこそ」には、×印をつけて読み飛ばすとよい**ので、「桂川を、月が明るいときに渡る。」となります。

POINT 7

体言の省略を補う。

連体形＋助詞

連体形＋、（読点）

}体言の省略

※「こと・の・とき・人・ところ」を入れるとうまくいくことが多い。

LESSON 4

次の文中の作者の意見部分に（　）をつけなさい。

薩摩守忠度（さつまのかみただのり）は、※いづくよりや帰られたりけむ、侍五騎（さぶらひごき）、童一人（わらはいちにん）、我が身ともに七（しち）騎（き）取って返し、…

『平家物語』

ヒント！ ！重要 いづく…どこ

全文解説

❶ 薩摩守忠度（さつまのかみただのり）は、（いづくよりや帰られ（尊敬）た（完了）りけむ（過去推量）、）侍五騎、童一人、我が身ともに七騎取って返し、…

薩摩守忠度は、どこからお帰りになったのだろうか、侍五騎と、童一人、自身を入れて七騎で引き返し、…

文中に、突然筆者の意見や考えが書かれている部分があります。**この部分を挿入句といい、話の本筋ではない挿入部分を外して読むと、文意が取りやすくなります。**そして、**挿入句の頻出のパターンは、「…、（…にや）、…」「…、（…にか）、…」「…、（…推量）、…」です。**今回の文は、**過去推量の助動詞の「けむ」が推量部分にあたります**ので、「いづくよりや帰られたりけむ、」が挿入句になります。**解答は、（いづくよりや帰られたりけむ、）です。**ちなみに、挿入部分を外して訳すと、「薩摩守忠度は、侍五騎と、童一人、自身を入れて七騎で引き返し、」となり、読みやすくなりますね。

POINT 8

挿入句は、（　）でくくり出す。

・よくある挿入句のパターン

…、（…にや、）…

…、（…にか、）…

…、（…推量、）…

要点整理

1 登場人物は□で囲み、番号をつけて整理する。

・同じ人物の呼び名が変わった場合も、同じ番号をつけていく。
・どの番号の登場人物が高貴なのかを意識する。

2 体言の下に助詞がないときは、「が（は）・を」を補う。

3 「て・で・つつ」には○のチェックをし、前後で主語が変わりにくいことを意識する。

・「て・で・つつ」の前後では、主語は90％変わらない。

4「を・に・ば・ど・が」には△のチェックをし、前後で主語が変わりやすいことを意識する。

・「を・に・ば」の前後で、主語は70％変わる。
・「ど・が」の前後で、主語は50％変わる。
※「を・に」が格助詞の場合は、気にしなくてよい。

5「と・とて・など」の上には、「　」をつける。

・文中で助詞「と・とて・など」があれば、その上は会話・心中表現なので、「　」でくくる。
・「は、　」をつけてから考える。

6「ぞ・なむ・こそ・しぞ・しも・しこそ」は、×印をつけて読み飛ばす。

7 体言の省略を補う。

連体形＋　助詞
連体形＋　、（読点）
→ 体言の省略

※「こと・の・とき・人・ところ」を入れるとうまくいくことが多い。

8 挿入句は（　　）でくくり出す。

・よくある挿入句のパターン

…、（…にや、）…
…、（…にか、）…
…、（…推量、）…

重要事項はコレダケ!

一問一答

動画で暗唱!

	問	答
01	「て・で・つつ」の前後で主語は?	変わりにくい(90%変わらない)
02	「を・に・ば・ど・が」の前後で主語は?	変わりやすい
03	体言の下に助詞がないときは何を補う?	が(は)・を
04	「と・とて・など」の上には何を補う?	「
05	訳さずに読み飛ばしてもよい6つの語は?	ぞ・なむ・こそ・しぞ・しも・しこそ

06

連体形の下に体言がないときは何を補う？

こと・の・とき・人・ところ

07

よくある挿入句3パターンは？

（…にや、）（…にか、）（…推量、）

基本練習

1 傍線部の主語を文中の言葉を使って答えなさい。 25点

この子、うれしと思ひて、持て行きて、母に食はす。『宇津保物語』

2 傍線部の主語を文中の言葉を使って答えなさい。 25点

玄光(げんくわう)、走り出(い)で、金王(こんわう)に「いかにや※」と言へば、「頭殿(かうのとの)、討(う)たれさせ給(たま)ひぬ。鎌田(かまた)も討たれぬ。いかがせん※」と言へば、…『平治物語』

ヒント!
!重要 いかにや…どのようか
!重要 いかがせん…どうしようか

3 次の文中の会話部分に「　」をつけなさい。 25点

この人々、ある時は竹取(たけとり)※を呼び出でて、むすめ※を我にたべ※と伏し拝み※、…『竹取物語』

ヒント！
竹取…竹取の翁
むすめ…かぐや姫
たぶ…お与えになる（！重要）
伏し拝む…ひれ伏して拝む

4 次の文中の作者の意見部分に（　）をつけなさい。 25点

この暁(あかつき)※より、咳病(しはぶきや)※みにや侍(はべ)らむ、頭いと痛くて苦しく侍れば、…『源氏物語』

ヒント！
暁…夜明け前（！重要）
咳病み…風邪

（解答と解説は次のページ）

SCORE
／100点

解答解説

1 この子
2 金王
3 「むすめを我にたべ」
4 （咳病みにや侍らむ、）

解説

1 「この子」が主語で文が始まり、「思ひて」と「持て行きて」の「て」の後では主語が変わりにくいので、解答は「この子」となる。
訳 この子は、うれしいと思って、持って行って、母に食べさせる。

2 玄光（げんこう）が金王（こんのう）に「いかにや」と質問したので、直後の「言へば」の「ば」の後で、主語が金王に変わる。よって、「頭殿（こうのとの）、…」は金王の返答になるため、解答は「金王」。
訳 玄光が、走り出て、金王に「どのようか」と言うと、「頭殿が、討たれなさった。鎌田（かまた）も討たれた。どうしようか」と言うので、…

3 「たべ」の直後に「と」があるので、会話部分の終わりはここ。会話の始まりは、人々が「むすめ（＝かぐや姫）」に求婚するセリフと考えて「むすめを」からとすればよい。
訳 この人々は、ある時は竹取の翁を呼び出して、「むすめを私にください」とひれ伏して拝み、…

4 「む」は推量の助動詞なので、挿入句の頻出パターンの「…、（…推量、）…」にあてはまる。
訳 この夜明け前から、風邪でございましょうか、頭がとても痛くて苦しいですので、…

なよ竹のかぐや姫

Chapter

2 敬語の利用

講師　八澤龍之介

授業動画へアクセス

Chapter 2 では、敬語の利用について学んでいきます。Chapter 1 で学んだように、古文読解では、主語を捉えることが非常に重要です。敬語を理解することで、主体（〜は、が）や、客体（〜を、に）を捉えるヒントになり、初めて見た文章に立ち向かいやすくなります。

一つ注意が必要なのですが、このチャプターでは敬語について、古典文法の基礎レベルの解説はしません。例えば、「聞こゆ」が「申し上げる」という意味の謙譲語だとわからなかったり、「参る」がどんなときに謙譲語になったり尊敬語になったりするのかを知らない場合、まずは古典文法の学習に戻ることを推奨します。特に、敬語の種類を覚えていなければ、このチャプターで学ぶことは、まず使いこなせません。

では、敬語の意味や種類は頭に入っている前提のもとで、早速 LESSON を見ていきましょう。

傍線A・Bの主語を文章中の言葉を使って答えなさい。

むかし、※水無瀬に通ひたまひし惟喬親王、例の※狩りしに※おはします供に、※馬の頭なる翁※仕うまつれり。※日ごろ経て、※宮にかへりたまうけり。（A）御おくりして、※とくいなむと思ふに、※大御酒たまひ、※禄たまはむとて、つかはさざりけり。（B）

『伊勢物語』

解答

A

B

ヒント！

水無瀬…後鳥羽院の離宮のあった所。離宮は、宮中とは離れた宮殿で貴族の別荘みたいなもの

重要 たまふ（給ふ）（尊敬語）…（本動詞）お与えになる（補助動詞）お〜なる 〜なさる

重要 例の…いつものように

狩り…鷹狩り。飼いならした鷹を連れて、うさぎや小鳥を捕まえる当時の貴族の遊び

重要 おはします（尊敬語）…いらっしゃる

馬の頭…馬に関することをつかさどる馬寮という役所の長官

重要 仕うまつる（謙譲語）…お仕え申し上げる

日ごろ…数日

重要 宮…皇族の敬称、または、皇族の住居。

重要 とく…早く

重要 いぬ…去る（※ここでは「帰る」）

大御酒…神や天皇などに差し上げる酒
禄…ほうびの品（重要）
つかはす〔尊敬語〕…人をおやりになる（※ここでは「お帰しになる」）（重要）

✓ 敬語については ミニブック P58を参照。

むかし、水無瀬（みなせ）に通ひたまひし（S・過去）❶惟喬親王（これたかのみこ）（が）、例の狩（か）りしにおはします（SS）供に、

昔、水無瀬の離宮に通っていらっしゃった惟喬親王が、いつものように鷹狩りをしにいらっしゃるそのお供に、

馬（うま）の頭（かみ）なる（断定）❷翁（が）仕うまつれり（K・完了）。

馬の頭である老人がお仕え申し上げた。

「通ひたまひし」の「たまひ」は尊敬語。**尊敬語を見つけたら、Sのマークをつけておきましょう。**そして、**惟喬親王は登場人物なので、□で囲んで番号をつけておきます。**続く「例の狩りしにおはします供に」の「おはします」は、普通の尊敬語より一段敬意の高いものなので、SSマークをつけておきます。さらにその下を読むと「馬の頭なる翁仕うまつれり」とあります。「翁」も登場人物なので、□で囲んで番号をつけておきます。そして、「仕うまつる」は謙譲語。**謙譲語を見つけたら、Kマークをつけておきましょう。**ここまで、二人の登場人物が出てきましたが、❶惟喬親王には敬意が払われており、❷翁には敬意が払われていません。**この違いに着目し、Sがある場合は、主体（〜は・〜が）が❶惟喬親王になりやすいんだな、Kがある場合は、客体（〜を・〜に）が❶惟喬親王になりやすいんだなと想像しながら読み進めます。また、敬語そのものがなかったり、SがなくKだけだったりした場合は、主語が❷翁になりやすいんだなと想像することもできます。**

POINT 9

敬語には、K（謙譲）・S（尊敬）・T（丁寧）のチェックをつける。

主体（〜は・〜が）への敬意　客体（〜を・〜に）への敬意

Ⓚ → 客体（〜を・〜に）
Ⓢ → 主体（〜は・〜が）
T

Sがある場合　→　主体（〜は・〜が）の部分に高貴な人を入れて読み進める

Kがある場合　→　客体（〜を・〜に）の部分に高貴な人を入れて読み進める

・どの登場人物が高貴なのかを、読解中に意識する。
・Sがないと主体は高貴ではない、Kがないと客体は高貴ではないとわかる。
・会話文中でSがある場合、主語は一人称にならない。
・会話文中で心情表現がある場合、主語は一人称になりやすい。
・日記・随筆で地の文中にSがある場合、主語は作者にならない。

馬の頭なる翁仕うまつれり。（❶惟喬親王は）日ごろ経て、宮にかへりたまうけり。

（惟喬親王は）数日経って、自邸に帰りなさった。

「日ごろ経て」の前に、主語が書かれていません。このように、**文頭で主語が書かれていない場合は常に主語を考えるようにしましょう。**「て、」で文がつながっており、後の「宮にかへりたまうけり」の「たまう」がSなので、主語は高貴な人であると判断できます。よって、**傍線Aの解答は「惟喬親王」になります。**

宮にかへりたまうけり。（❷翁は）「御おくりして、とくいなむ」と思ふに、…

（老人は）「（惟喬親王の）お見送りをして、早く（自分の家に）帰ろう」と思うが、…

「御おくりして、とくいなむと思ふに、」ですが、**まず「と」があるので、「御おくりして、とくいなむ」を「」でくくります。**そして、この文も文頭に主語がないので、主語を考えますが、注目すべきは、「」直後の動詞である「思ふ」です。**「思ふ」にはSが使われていないため、主語は高貴ではない❷翁であることがわかります。このように「」の主語は、直後の動詞を確認することによってわかります。**また「おくり」は、「見送り」という名詞ですが、「御」

は尊敬の意を示す接頭語なので、ここでは高貴な人（＝❶惟喬親王）の「お見送り」となります。**そして「を・に・ば・ど・が」の前後では主語が変わりやすいので、**「思ふに、」の後で主語が変わっているのかを考えましょう。

> …と思ふに、（❶惟喬親王(これたかのみこ)は）「大御酒(おほみき)たまひ、禄(ろく)たまはむ」とて、つかはさざりけり。
> （惟喬親王は）「お酒をお与えになり、ほうびの品をお与えになろう」として、お帰しにならなかった。

「大御酒たまひ、禄たまはむとて」は、**「とて」があるので、「大御酒たまひ、禄たまはむ」を「 」でくくります。「 」の直後の動詞を確認すると、「つかはす」というSが使われているため、主語は❶惟喬親王です。傍線Bの解答も「惟喬親王」となります。**❶惟喬親王は、帰りたがっている❷翁に対して、お酒やほうびの品を与えようとして帰さなかったということですね。

全文解説

むかし、水無瀬に通ひたまひし❶惟喬親王（が）、例の狩りしにおはします供に、

昔、水無瀬の離宮に通っていらっしゃった惟喬親王が、いつものように鷹狩りをしにいらっしゃるそのお供に、

馬の頭なる❷翁仕うまつれり。（❶惟喬親王は）日ごろ経て、宮にかへりたまうけり。

馬の頭である老人がお仕え申し上げた。（惟喬親王は）数日経って、自邸に帰りなさった。

（❷翁は）「御おくりして、とくいなむ」と思ふに、（❶惟喬親王は）

（老人は）「（惟喬親王の）お見送りをして、早く（自分の家に）帰ろう」と思うが、（惟喬親王は）

「大御酒たまひ、禄たまはむ」とて、つかはさざりけり。

「お酒をお与えになり、ほうびの品をお与えになろう」として、お帰しにならなかった。

LESSON 2

傍線Aの主語を答えなさい。

中将、人びと引き具して帰り参りて、かぐや姫を、え戦ひとめずなりぬること、こまごまと奏す。薬の壺に御文そへて参らす。ひろげて御覧じて、いとあはれがらせたまひて、…

『竹取物語』

解答

傍線A

ヒント！

引き具す…引き連れる

帰り参る〔謙譲語〕…（宮中・貴人の所に）帰参する・帰り参上する

重要 え〜打消語…〜できない

え戦ひとめずなりぬること…（中将たちがかぐや姫を迎えに来ようとする天人たちと）戦って地上にとどめることができなくなったこと

こまごまと…詳しく

重要 奏す〔謙譲語〕…天皇（＝帝）・上皇（元天皇）に申し上げる

重要 文…手紙

重要 参らす〔謙譲語〕…差し上げる

あはれがる…ひどく悲しく思う

❶中将（が）、人びと引き具して帰り参りて、❷かぐや姫を、え戦ひとめずなりぬること、こまごまと（❸帝に）奏す。

中将が、人々を引き連れて帰り参上して、かぐや姫を、（天人たちと）戦って（地上に）とどめることができなくなってしまったことを、詳しく（帝に）申し上げる。

中将は登場人物なので、□で囲んで番号をつけておきましょう。**注目すべきは「帰り参りて」の部分にKしかなく、主体である❶中将には敬意が払われていないということです。**では、この「帰り参り」は誰に対して敬意を払っているのでしょうか。

ここで、少し先の「こまごまと奏す」の「奏す」に着目します。「奏す」は、「帝（＝天皇）に申し上げる」という意味の謙譲語（KK）です。**「奏す」が使われているということは、必ず客体が❸帝で確定し、文章中に書かれていなくても、「❸帝」がその場に存在するということがわかります。**「奏す」の客体は、❸帝。このことから「帰り参り」の客体も❸帝と判断でき、「❸帝のもとに帰り参上して、」ということがわかります。

敬語表（↓ミニブック P58）を確認してください。敬語の種類の箇所に、SSやKKと書かれているものは、**普通の敬語より一段敬意の高いもの**です。**これらは、天皇や中宮など特に身分が高い人物に使われる敬語**です。文章によってはSやKが使われているのか、SSやKKが使われているのかによって、主語を判断することがあるので、覚えておきましょう。

POINT 10

特に身分が高い人に使用する敬語に注意する。

SSがある場合　↓　主体（〜は・〜が）の部分にとても高貴な人を入れて読み進める

KKがある場合　↓　客体（〜を・〜に）の部分にとても高貴な人を入れて読み進める

・「奏す」の客体は「天皇・上皇（元天皇）」で確定。
・「啓す」の客体は「中宮、皇后（天皇の妻）・東宮（天皇の息子）」で確定。

…こまごまと奏す。薬の壺(つぼ)に御文(ふみ)そへて(❶中将が)(❸帝(みかど)に)参らす。(❸帝は)ひろげて
(不死の)薬が入った壺に(かぐや姫の)お手紙を添えて(中将が)(帝に)差し上げる。(帝は)(お手紙を)広げて
御覧じて、(❸帝は)いとあはれがらせたまひて、…
御覧になって、(帝は)ひどく悲しく思いなさって、…

「御文そへて参らす」の「参らす」は「差し上げる」という意味のKKです。Sがないので主体に敬意が払われておらず、客体にとても高貴な人が入るはずなので、この文では、❶中将が❸帝にお手紙を差し上げたということがわかります。その後の「御覧じ」はSSなので、手紙を広げて❸帝が御覧になるということがわかります。その後、「て」で主語が変わらず、「いとあはれがらせたまひて」にも「尊敬の助動詞＋尊敬の補助動詞」からなるSSがあることから、**傍線Aの解答は「帝」だとわかります。**

全文解説

❶中将（が）、人びと引き具して帰り参りて、❷かぐや姫を、え戦ひとめずなりぬる

中将が、人々を引き連れて帰り参上して、かぐや姫を、（天人たちと）戦って（地上に）とどめることができなくなってしまった

こと、こまごまと（❸帝に）奏す。薬の壺に御文そへて（❶中将が）（❸帝に）参らす。

ことを、詳しく（帝に）申し上げる。（不死の）薬が入った壺に（かぐや姫の）お手紙を添えて（中将が）（帝に）差し上げる。

（❸帝は）ひろげて御覧じて、（❸帝は）いとあはれがらせたまひて、…

（帝は）（お手紙を）広げて御覧になって、（帝は）ひどく悲しく思いなさって…

要点整理

9 敬語には、K（謙譲）・S（尊敬）・T（丁寧）のチェックをつける。

Sがある場合　↓　主体（〜は・〜が）の部分に高貴な人を入れて読み進める

Kがある場合　↓　客体（〜を・〜に）の部分に高貴な人を入れて読み進める

・どの登場人物が高貴なのかを、読解中に意識する。
・Sがないと主体は高貴ではない、Kがないと客体は高貴ではないとわかる。
・会話文中でSがある場合、主語は一人称にならない。
・会話文中で心情表現がある場合、主語は一人称になりやすい。
・日記・随筆で地の文中にSがある場合、主語は作者にならない。

10 特に身分が高い人に使用する敬語に注意する

ＳＳがある場合 → 主体（〜は・〜が） の部分にとても高貴な人を入れて読み進める
ＫＫがある場合 → 客体（〜を・〜に） の部分にとても高貴な人を入れて読み進める

・「奏す」の客体は「天皇・上皇（元天皇）」で確定。
・「啓す」の客体は「中宮、皇后（天皇の妻）・東宮（天皇の息子）」で確定。

重要事項はコレダケ！

一問一答

動画で暗唱！

赤シートでチェック！

01 本文に敬語が出てきたら？

K（謙譲）・S（尊敬）・T（丁寧）をチェック

02 Sがあると？

主体が高貴な人

03 SSがあると？

主体がとても高貴な人

04 Kがあると？

客体が高貴な人

05 KKがあると？

客体がとても高貴な人

06 SやSSがないと？
主体は高貴な人ではない

07 KやKKがないと？
客体は高貴な人ではない

08 会話文中で、Sがある場合、主語は？
一人称にならない

09 日記・随筆で地の文中にSがある場合、主語は？
作者にならない

10 「奏す」の客体は？
天皇・上皇（元天皇）

11 「啓す」の客体は？
中宮、皇后（天皇の妻）・東宮（天皇の息子）

基本練習

1 傍線部の主語を文中の言葉を使って、答えなさい。 25点

九月二十日の頃、（私は）ある人に誘はれたてまつりて、明くるまで、月見ありくことはべりしに、思し出づる所ありて、案内せさせて、入りたまひぬ。『徒然草』

ヒント！
たてまつる〔謙譲語〕…（補助動詞）〜し申し上げる・お〜する
！重要 ありく…歩きまわる
！重要 はべり〔丁寧語〕…あります
思し出づ〔尊敬語〕…思い出しなさる
！重要 案内…取り次ぎを頼むこと

2 傍線A・Bの主語を答えなさい。

50点(各25点)

※月に帰らなければならないかぐや姫が、竹取(たけとり)の翁(おきな)に話す場面。

かぐや姫の言はく、「声高(こわだか)に※なの※たまひそ。(A) ※屋(や)の上に※をる人どもの聞くに、いと※まさなし。※いますかりつる※心ざしを、思ひも知らで、※まかりなむずることの※口惜しう※侍(はべ)りけり。(B)」『竹取物語』

ヒント!

重要 な〜そ…〜するな

重要 のたまふ〔尊敬語〕…おっしゃる

屋…屋根

をり…いる

重要 まさなし…よくない

重要 いますかり〔尊敬語〕…いらっしゃる・おありになる(※ここでは「注いでくださる」)

重要 心ざし…愛情

重要 まかる…参ります(※謙譲語の用法が多いが、ここでは「行く」の丁寧語として用いられている)

重要 口惜し…残念だ

重要 侍り〔丁寧語〕…ございます

A

B

3 傍線部の主語を答えなさい。

25点

艶※なる御衣のにほひ※ばかりうち薫りて、（帝が）いとやをら※屏風押しあけて入らせ給ふを、（寝覚上は）思し寄らず※、「宮の帰らせ給ふか」と思せば、いとやはらか※に起き上がり給ふを、やがて※寄りて、捕へさせ給へるに、……

『夜の寝覚』

ヒント！

！重要 艶なり…優美なさま
！重要 にほひ…はなやかなさま
！重要 やをら…静かに
思し寄る〔尊敬語〕…お気づきになる
やはらかなり…おだやかである
！重要 やがて…すぐに

（解答と解説は60ページ）

SCORE

／100点

解答解説

1 ある人
2 A 翁 B かぐや姫
3 帝

解説

1 本文中で、「私（＝作者）」には敬意が払われていないが、「ある人」には敬意が払われている。傍線部中にSの「たまふ」があるため、主語は、敬意が払われている「ある人」だとわかる。

訳 陰暦九月二十日の頃、（私は）ある人に誘われ申し上げて、夜が明けるまで、月を見て歩きまわることがありましたが、（そのある人は、）思い出しなさる所があって、（そこの家に）取り次ぎを頼ませて、お入りになった。

2 傍線Aの中の「のたまふ」はS。会話文中でSがある場合、主語は、一人称（今回はかぐや姫）にならない。よって傍線Aの解答は、かぐや姫の会話の相手である「翁」だとわかる。傍線Bの中には、Tの「侍り」はあるが、Sはない。よって、傍線Bの主語は一人称になりやすく、「口惜し（残念だ）」という心情語があることからも、解答は会話主の「かぐや姫」とわかる。

訳 かぐや姫が言うことには、「大きい声で（翁、あなたは）おっしゃいますな。屋根の上にいる人たちが聞くと、（それは）とてもよくない。（翁、あなたが）注いでくださった愛情を、（私は）その思いも知らないで、（私は）参りますようなことが残念でございます。」

3 本文中では、登場人物の「帝（みかど）」と「寝覚上（ねざめのうえ）」両方に敬意が払われているが、帝のほうには、「入らせ給ふを」のように、「尊敬の助動詞＋尊敬の補助動詞」からなるSSが使われている。傍線部の中も「させ給へ」のようにSSが使われているので、傍線部の解答は「帝」だとわかる。

㊙優美なお召し物のはなやかさだけが美しく（見えて）、（帝が）たいそう静かに屏風（びょうぶ）を押し開けてお入りなさったのを、（寝覚上は）お気づきにならず、「中宮様がお帰りなさったのか」とお思いになったので、たいそうおだやかに起き上がりなさると、（帝は）、すぐに近寄って、捕まえなさったので、…

Chapter

3 和歌の攻略

講師　八澤龍之介

授業動画へアクセス

Chapter 3 では、和歌について学んでいきます。入試問題では、和歌が本文中にある場合、必ずと言っていいほど設問に絡みます。この Chapter 3 で、和歌が出題されたときに、どのように対処するかをしっかり理解し、その上で長文の演習に入っていきましょう。

①和歌の基本

(1)和歌の構造

和歌は、五・七・五・七・七の合計三十一音でできており、はじめの五・七・五を「上(かみ)(本(もと))の句」、後の七・七を「下(しも)(末(すえ))の句」といいます。

例
○○○○○（初句）○○○○○○○（二句）○○○○○（三句）……上(かみ)(本(もと))の句
○○○○○○○（四句）○○○○○○○（結句）……下(しも)(末(すえ))の句

(2)句切れ

句切れとは和歌の途中で、文としての意味が切れることです。基本的に、**文末の扱いになっ**

ている箇所が句切れの箇所です。初句切れから四句切れまでがあり、句切れのパターンは、主に次の3通りです。

a　**和歌の途中に終止形や命令形がある。**
b　**和歌の途中に係り結びの結びがある。**
c　**和歌の途中に終助詞がある。**

PRACTICE

次の和歌の句切れは、初句切れ、二句切れ、三句切れ、四句切れ、句切れなしのいずれか。

我が庵(いほ)は　都のたつみ　しかぞすむ　世をうぢ山と　人はいふなり

喜撰(きせん)『古今和歌集』

▼三句切れ

㊦私の粗末な小屋は都の南東にあり、このように（平穏に）住んでいる。（それなのに）世を憂えて逃れ住んでいる宇治山だと、世の人は言っているそうだ。

文末が連体形になる係り結びの「ぞ」があるにもかかわらず、結句の「なり」が終止形で、三句の「すむ」が結びだと考えられるので、三句切れと判断します。

②和歌の修辞法

ここからは、和歌の修辞法を説明していきます。和歌の修辞法は、枕詞（まくらことば）・序詞（じょことば）・掛詞（かけことば）・縁語（えんご）・折句（おりく）・沓冠（くつかぶり）・本歌取り（ほんかどり）・賦物（ふしもの）・物名（もののな）…など、様々ありますが、その中でも**特に重要で入試頻出なのが枕詞・序詞・掛詞・縁語の四つ**です。この四つをきちんと理解できれば、多くのライバルと差をつけることができるので、重点的に学んでいきましょう。

(1) 枕詞と序詞

枕詞（まくらことば）とはある特定の語を導くために、前に置く語のことで、**序詞（じょことば）とはある語を導くために、前に置く語句**のことです。「語を導く」というのが共通しているので、比較しながら説明していきます。まずはそれぞれの特徴を説明します。

〈枕詞〉ある特定の語を導くために、前に置く語

①5音（ひらがな5文字）が中心　②導く語が決まっている　③訳さない

〈序詞〉ある語を導くために、前に置く語句

①7音以上　②導く語は決まっていない　③訳す

PRACTICE

次の和歌には、和歌の修辞法の一つである枕詞「ひさかたの」が使用されている。その「ひさかたの」が導く語はどれか答えよ。

ひさかたの　光のどけき　春の日に　しづ心なく　花の散るらむ

紀友則（きのとものり）『古今和歌集』

▼光

㊙こんなに日の光がのどかに差している春の日に、どうして落ち着いた心もなく、桜の花は散っているのだろうか。

最初の5文字のひらがなである「ひさかたの」が枕詞です。「ひさかたの（＝久方の）」は天空や天体に関する語「光・天・空・雨・月・雲」などを導くため、今回は「光」が解答になります。ただ、この内容を受験生が自分で導き出せるわけがないので、**一番手っ取り早い対策は頻出の枕詞の暗記**です。ミニブック P29に頻出の枕詞をまとめておいたので、何度も復習して徐々に覚えていくようにしてください。

PRACTICE

次の和歌には、和歌の修辞法の一つである序詞が使用されている。序詞である「あしひきの山鳥の尾のしだり尾の」が導く語はどれか答えよ。

あしひきの　山鳥の尾の　しだり尾の　ながながし夜を　ひとりかも寝む
柿本人麻呂（かきのもとのひとまろ）『拾遺和歌集（しゅういわかしゅう）』

▼**ながながし**

㊞山鳥の尾の、長く垂れ下がった尾のように長い夜を一人で寝ることになるのだろうか。

最初の「あしひきの山鳥の尾のしだり尾の」が序詞です。今回の和歌で伝えたいことは、「鳥の尾が長い」ことではなく、「長い夜を一人で寝るのは寂しい」ということですね。このように、序詞が含まれる和歌は、「自然描写＋心情描写」の形になり、**自然描写の箇所が序詞、心情描写の箇所が和歌の趣旨**となります。そして、「尾（＝しっぽ）のように長い」「長い夜」というように、自然と心情の共通点が導く語となります。序詞は枕詞と違い、そのつど作者によって創作されるものなので、暗記する必要はありません。**序詞は「比喩（ひゆ）型・同音型・掛詞（かけことば）型」の3パターン**に分けられるので、その3パターンだけ理解し、気づけるようにしておきましょう。

PRACTICE

次の和歌には、和歌の修辞法の一つである序詞が使用されている。今回の序詞は、比喩型・同音型・掛詞型のいずれか答えよ。

あしひきの　山鳥の尾の　しだり尾の　ながながし夜を　ひとりかも寝む

柿本人麻呂『拾遺和歌集』

▼比喩型

㊋山鳥の尾の、長く垂れ下がった尾のように長い夜を一人で寝ることになるのだろうか。

「尾（＝しっぽ）のように長い」という比喩型です。比喩型の序詞の末尾は、多くが比喩の格助詞「の」で、「〜のように」と訳します。

PRACTICE

次の和歌には、和歌の修辞法の一つである序詞が使用されている。
①序詞が導く語を答えよ。
②今回の序詞は、比喩型・同音型・掛詞型のいずれか答えよ。

みかの原　わきて流るる　いづみ川　いつ見きとてか　恋しかるらむ

藤原兼輔（ふじわらのかねすけ）『新古今和歌集』

▼①いつ見　②同音型

㊙みかの原から湧き出して流れている泉川、その「いづみ」ではないが、（あの人を）いつ見たからというので、こんなに恋しいのでしょう。

「みかの原わきて流るるいづみ川」が自然描写で序詞です。「いづみ」と「いつ見」が同音の反復で、自然と心情の共通点となっており、「いつ見」が導かれる語になります。

PRACTICE

次の和歌には、和歌の修辞法の一つである序詞が使用されている。①序詞が導く語を答えよ。②今回の序詞は、比喩型・同音型・掛詞型のいずれか答えよ。

風吹けば　沖つ白波　たつた山　夜半(よは)にや君が　ひとり越ゆらむ

よみ人知らず『古今和歌集・伊勢物語・大和物語』

▼①たつた山　②掛詞型

㊦風が吹くと、沖の白い波が立つ、その「たつ」という名のついている、竜田山を、この夜中にあなたは一人で越えているのでしょうか。

自然描写の「風吹けば沖つ白波」が序詞です。「たつ」の部分が「（白波が）立つ」と地名の「竜田山」に掛(か)かっており（次ページの「掛詞」の説明参照）、掛詞型として、「たつた山」を導きます。

これらの序詞の3パターンですが、**共通点としては、前半が自然描写、後半が心情描写で、その自然と心情の共通点が序詞によって導かれる語となる**ということです。序詞は複雑ですが、入試問題においてもこの特徴を理解しておけば、ほとんどの問題を解くことができます。

（2）掛詞と縁語

まずは、掛詞(かけことば)の説明をします。**掛詞とは、一つの語に対して二通りの意味を持たせる修辞法**です。一つ、現代語で例を出してみます。

「くるまで待っていてね」

この日本語、皆さんはどのように解釈しましたか？「車で待っていてね」と解釈した人もいれば、「来るまで待っていてね」と解釈した人もいると思います。このように、一つの言葉に対して意味を二つ掛けるのが掛詞です。意味を二つ含ませるわけですから、漢字よりも**ひらがなで表現されることが多い**という特徴があります。ですから、**本来漢字で表現すればよいものを、不自然にひらがなで表現している部分があれば、掛詞を疑う**ようにしましょう。

PRACTICE

次の和歌には、和歌の修辞法の一つである掛詞が使用されている。掛詞の箇所を和歌中の言葉で抜き出せ。

山里は　冬ぞ寂しさ　まさりける　人目も草も　かれぬと思へば

源宗于（みなもとのむねゆき）『古今和歌集』

▼**かれ**（訳はP76のPRACTICE参照）

不自然なひらがなを見つけたら、掛詞を疑うのでした。今回は、「まさり」と「かれ」を疑います。「まさり」は「勝り」「優り」「増さり」などが考えられますが、「勝り」「優り」では意味が通じず、寂しさが「増し」ていくという一つの意味でしか使われていません。「かれ」は「（人目が）離（か）れ」「（草が）枯れ」の二つの意味に取れるので、「かれ」が解答になります。

和歌の修辞法において、入試で最も出題されるのは掛詞なので、よく用いられる掛詞は暗記しておくべきです。入試頻出の掛詞はミニブックP32に載せておきます。必ず暗記しておくようにしましょう。

続いて縁語（えんご）を説明します。**縁語とは、関係の深い語を和歌の中に盛り込む修辞法**です。簡単に言うと、**連想ゲームみたいなもの。**一つ、現代語で例を出してみます。

学校　先生　授業　生徒　友達　恋愛　部活　勉強　…

学校という中心の語に対して、想像できるたくさんの語があると思います。こういった中心の語に**縁のある語**を和歌に二つ以上盛り込んでいる場合、修辞法として縁語が使われていることになります。

PRACTICE

次の和歌には、和歌の修辞法の一つである縁語が使用されている。和歌中の言葉で全て抜き出せ。

鈴鹿山（すずかやま）　憂（う）き世をよそに　ふり捨てて　いかになりゆく　わが身なるらむ

西行（さいぎょう）『山家集（さんかしゅう）』

▼鈴　ふり　なり

㊞鈴鹿山よ。つらいこの世をきっぱり捨てて越えてゆくのだが、この先わが身はどうなるのであろうか。

「鈴」という中心の語に対して、「(鈴を)振り」「(鈴が)鳴り」が縁語になっています。

今回、「いかになりゆく」の「なり」は、鈴とセットで「鳴り」、「どのようになっていくのか」という意味の「成り」で**掛詞**にもなっています。このように**縁語は、掛詞と併用されることが多く**、入試でもこうした和歌が本文にあると、問題となることが非常に多いのです。例えば、「この和歌の修辞法を二つ答えなさい。」というような設問では、まずは、掛詞と縁語のペアを疑ってみてください。また、縁語についても、**頻出の縁語を覚えておく**必要があります。頻出の縁語を**ミニブック**P36に載せておくので、徐々に暗記するようにしてください。

③和歌への対処

最後に、問題文の中に和歌が出てきたときの解釈の手順を説明していきます。

POINT 11 和歌の解釈方法

〈手順1〉五／七／五／七／七 に分け、句切れを探す。

〈手順2〉文法力・単語力で直訳する。

〈手順3〉修辞法を探す。 ※直訳して意味の通じにくいところに多い。

〈手順4〉本文で「誰が・どんな状況で・どんな心情を・何のために詠んだのか」を確認し、訳す。


この手順に沿って、和歌に対処していきましょう。PRACTICE で解説していきます。

PRACTICE

次の和歌を訳しなさい。

山里は冬ぞ寂しさまさりける人目も草もかれぬと思へば

源宗于（みなもとのむねゆき）『古今和歌集』

▼山里は、冬に寂しさがつのるものだなあ。人目が離（か）れて（＝人の訪れがなくなって）、草木も枯（か）れてしまうと思うから。

まずは**〈手順1〉五／七／五／七／七に分け、句切れを探し**ていきます。「山里は／冬ぞ寂しさ／まさりける／人目も草も／かれぬと思へば」と分けられますね。続いて、句切れを探します。**句切れは基本的に文末の扱いになっている箇所**でした。今回、和歌中に係助詞の「ぞ」がありますから、文末が連体形になるはずです（係り結びの法則）。結句の「思へば」は接続助詞「ば」で終わっているので、他に文末の扱いになる箇所を探します。そうすると三句目の「まさりける」の「ける」が過去の助動詞「けり」の連体形であることに気づきます。「まさりける→人目」と下に体言があることから連体形だと思ってしまうかもしれませんが、訳すと「寂しさが増した人目」はつながらないことがわかります。このように、係り結びや訳のつながりのおかしさから、「まさりける」の下で切れていると判断し、**三句切れ**であることがわかります。

続いて、**〈手順2〉文法力・単語力で直訳**していきます。よく受験生で、和歌は難しいと決めつけてしまう人がいますが、それはよくありません。あくまで本文を解釈しながら読んでいくのと同様、和歌も直訳していきます。まず、句切れの箇所までの「山里は／冬ぞ寂しさ／まさりける」を訳します。文法的な解説をすると、係助詞「ぞ」は訳さず、╳印をつけます。また、助動詞「けり」は、和歌中・会話文中だと、多くが詠嘆（～なあ）の意味になります。「まさる」の漢字は「勝り」「優り」「増さり」などが考えられますが、「勝り」「優り」では意味が通じず、寂しさが「増し」ていくという意味だと捉えます。そこまでいけば、「山里は、冬に寂しさが増すのだなあ。」と直訳でき、適当な助詞を補いつつ違和感のない現代語にしていくと、最終的に「山里は、冬に寂しさがつのるのだなあ。」まで訳せます。下の句の「人目も草も／かれぬと思へば」は、「ぬ」が完了の助動詞「ぬ」の終止形なので、「～た」と訳します。「ば」は、その上が已然形なので、「ので」と訳します。「人目も草も枯れたと思うので。」でオッケーです。ここまでをつなげると、「山里は、冬に寂しさがつのるのだなあ。人目も草も枯れたと思うので。」となります。かなり全体像が見えてきました。

ここまで来て、ようやく**〈手順3〉修辞法を探していきます。修辞法は直訳して意味の通じにくいところに多い**ので、「山里は、冬に寂しさがつのるのだなあ。人目も草も枯れたと思えば。」まで訳してから、意味が通じていないところを探します。「人目も草も枯れた」は「人目が枯れる」とは言わないので違和感に気づきます。ここで、「かれぬ」が**ひらがなであることに着目して、掛詞が入っているのかな？　と疑います。**「人目が離る（＝離れる）」という意味でも取れることを確認し、これを訳に反映させていきます。これで、「山里は、冬に寂しさがつのるのだなあ。人目も離れ、草も枯れたと思うので。」と訳が完成しました。

今回は PRACTICE のため、前後の文章がなくても訳を導き出せる和歌を選びましたが、入試本番ではさらに**〈手順4〉本文で「誰が・どんな状況で・どんな心情を・何のために詠んだのか」を確認してから訳していく**と、より精度が高くなります。

要点整理

11 和歌の解釈方法

〈手順１〉五／七／五／七／七　に分け、句切れを探す。

〈手順２〉文法力・単語力で直訳する。

〈手順３〉修辞法を探す。　※直訳して意味の通じにくいところに多い。

〈手順４〉本文で「誰が・どんな状況で・どんな心情を・何のために詠んだのか」を確認し、訳す。

重要事項はコレダケ！

一問一答

動画で暗唱！

01 句切れはどんな箇所で起きる？

文末の扱いになっている箇所

02 枕詞（まくらことば）は基本何音？

5音

03 枕詞は訳す？　訳さない？

訳さない

04 序詞（じょことば）は何音以上？

7音以上

05 序詞は訳す？　訳さない？

訳す

06 序詞の3パターンは？

比喩型・同音型・掛詞型

07 掛詞（かけことば）を疑うのは何を見たとき？

不自然なひらがな

08 縁語（えんご）って、たとえるとどんなもの？

連想ゲーム

09 縁語は何と併用されることが多い？

掛詞

基本練習

1 次の和歌は何句切れか答えなさい。 20点

春風は花のなき間に吹き果てね咲きなば思ひなくて見るべく

2 次の和歌から枕詞（まくらことば）を抜き出して、答えなさい。 20点

いとせめて恋しきときはむばたまの夜の衣を返してぞ着る

3 次の和歌で使われている序詞（じょことば）と、導き出される語をそれぞれ抜き出しなさい。 20点（各10点）

秋風にあへず散りぬるもみぢ葉のゆくへ定めぬ我ぞ悲しき

序詞

導き出される語

4 次の和歌で使われている掛詞（かけことば）を抜き出し、何と何が掛けられているか、例にならって説明しなさい。 20点

ほのぼのとあかしの浦の朝霧に島隠れ行く舟をしぞ思ふ

例 「いく」に「行く」と「生く」が掛けられている。

5 次の和歌の傍線部の縁語（えんご）を二つ抜き出しなさい。 20点（各10点）

白雪の世にふる甲斐（かひ）はなけれども思ひ消えなむことぞかなしき

（解答と解説は次のページ）

SCORE
/100点

解答解説

1 三句切れ

2 むばたまの

3 序詞…秋風にあへず散りぬるもみぢ葉の
導き出される語句…ゆくへ定めぬ

4 「あかし」に「明石」と「明かし」が掛けられている。

5 ふる・消え

解説

1 「ね」が完了の助動詞「ぬ」の命令形で、句切れのパターン(文末の扱い)に該当する。

㊟春風は桜の花が咲かない間に吹き終わってしまえ。咲いたならば(散る)心配なしで見られるように。

2 「むばたまの」は頻出枕詞。

㊟とてもひどく恋しいときは、(恋しい人に夢で逢えるように)夜の衣を裏返しにして着ることです。(※夜着を裏返しに着て眠ると、恋人が夢に出て来るとの俗信があった。)

3 第三句末に、比喩の格助詞「の」があるので、そこまでが序詞で、第四句の「ゆくへ定めぬ」が導き出される語句。序詞の特徴通り、前半が視覚的描写で、後半が心情描写の和歌になっており、散る「もみぢ葉」のように「ゆくへ定めぬ」自分の不安定な心情を詠んでいる。

㊟秋風に耐えられずに散ってしまった紅葉の葉のように、行く末の定まらない我が身が悲しいことだ。

4 「あかし」は頻出掛詞で、地名の「明石」と形容詞の「明かし」が掛けられている。

㊟ほのぼのと明るくなっていく明石の浦の朝霧どきに、島陰に隠れて行く舟のことを惜しいと思う。

5 「ふる(降る)」「消え」が「雪」の縁語。また「ふる」は「降る」と「経(ふ)る」の掛詞にもなっている。

㊙白雪が世に降る、いやこの世に生きる甲斐もないけれども、恋しく思いながら消えてしまうことが悲しい。

総合問題

本書での目標時間 ▼ 25分
試験本番での目標時間 ▼ 15分

みましょう。特に、主体や客体を意識しながら、取り組んでください。用意した問題は、**Chapter 1**～**Chapter 3**で学んだテクニックを使って、問題にチャレンジして大学受験においてはかなり易しめの問題で、おおよそ中堅私大レベルのものです。目安の時間はありますが、あまり気にせず気軽にやってみましょう。問題を解き終わったら、全文解説と解答解説を通読してから、授業動画を視聴するようにしてください。

次の文章を読んで、設問に答えなさい。

中ごろ、なまめきたる女房ありけり。※世の中たえだえしかりけるが見目かたち愛敬(あいぎやう)づきたりけるむすめをなむ持たりける。十七、八ばかりなりければ、これをいかにもして※めやすきさまならせむと思ひける。

❶かなしさのあまりに、※八幡(はちまん)へむすめともに泣く泣く参りて、夜もすがら御前にて、「我が身は、

今はいかにても候ひなむ。このむすめを心やすきさまにて見せさせ給へ」と、❷数珠をすりて、うち泣きうち泣き申しけるに、❸このむすめ、参りつくより、母のひざを枕にして起きもあがらず寝たりければ、暁がたになりて、母申すやう、「いかばかり思ひたちて、かなはぬ心にかちより参りつるに、かやうに、夜もすがら神もあはれとおぼしめすばかり申し給ふべきに、思ふことなげに寝給へるうたてさよ」とくどきければ、むすめおどろきて、「かなはぬ心地に苦しくて」といひて、

❹身の憂さをなかなかなにと石清水おもふ心はくみてしるらん

とよみたりければ、母も恥づかしくなりて、ものもいはずして❺下向するほどに、※七条朱雀の辺りにて、❻世の中にときめき給ふ雲客、※桂より遊びて帰り給ふが、このむすめをとりて車に乗せて、やがて北の方にして始終❼いみじかりけり。※大菩薩この歌を納受ありけるにや。

『古今著聞集』

※世の中たえだえしかりけるが……生活が貧しかったが
※めやすきさまならせむ……幸せな結婚をさせたい
※八幡……京都府にある石清水八幡宮という神社
※七条朱雀の辺り……七条大路と朱雀大路との交わったあたり
※桂……京都市西京区の風流な遊覧の地
※大菩薩……石清水八幡宮の神、八幡大菩薩

問1 傍線部❶「かなしさのあまり」の現代語訳として最も適切なものを、次の中から一つ選びなさい。

ア いとおしさのあまり　イ 悲嘆のあまり　ウ くやしさのあまり
エ 焦燥のあまり　オ 美しさのあまり

問2 傍線部❷「数珠をすりて」の主語にあたるのは誰か。最も適切なものを、次の中から一つ選びなさい。

ア 八幡　イ 女房(＝母)　ウ むすめ　エ 語り手　オ 雲客

問3 傍線部❸「このむすめ、参りつくより、母のひざを枕にして起きもあがらず寝たりければ」とあるが、母は娘のこの様子を見てどう感じたか。文中より五字以内で抜き出して答えなさい。

問4 傍線部❹の和歌の中には掛詞(かけことば)が使われている。それはどの部分か。最も適切なものを、次の中から一つ選びなさい。

ア 身の憂さを　イ なかなかなにと　ウ 石清水(いはしみづ)

エ　おもふ心は　　オ　くみてしるらん

問5　傍線部❺「下向する」とあるが、文中にそれと反対の意味の動詞がある。その動詞を終止形で答えなさい。

問6　傍線部❻「世の中にときめき給ふ雲客」の現代語訳として最も適切なものを、次の中から一つ選びなさい。

ア　世間で評判の高い外国人　　イ　世間で心配されている殿上人
ウ　世間で心配されている色好みの男　　エ　世間で評判が高く栄えている殿上人
オ　世間で心配されている外国人

問7　傍線部❼「いみじかりけり」とあるが、どういう意味か。最も適切なものを、次の中から一つ選びなさい。

ア　悲しみが絶えなかった　　イ　自由奔放に暮らした　　ウ　大変つらくあたった
エ　とても大切にした　　オ　ひどく貧しい生活であった

中ごろ、なまめきたる❶女房ありけり。世の中たえだえしかりけるが見目かたち愛敬づきたりける❷むすめをなむ持たりける。十七、八ばかりなりければ、「❷これをいかにもしてめやすきさまならせむ」と思ひける。

そんなに遠くない昔、優美である女房がいた。（その女房は）生活が貧しかったが容貌がかわいらしかった娘を持っていた。（娘は）十七、八歳ぐらいであったので、（女房は）この娘を何とかして幸せな結婚をさせたいと思った。

かなしさのあまりに、八幡へ❷むすめともに泣く泣く参りて、夜もすがら御前にて、「❶我が身は、今はいかにても候ひなむ。この❷むすめを心やすきさまにて見せさせ給へ」と、数珠をすりて、うち泣きうち泣き申しけるに、この❷むすめ、参りつくより、❶母のひざを枕にして起きもあがらず寝たりければ、暁がたになりて、❶母申すやう、「いかばかり思ひたちて、かなはぬ心に

（娘への）いとおしさのあまりに、石清水八幡宮へ娘とともに泣きたいほどのつらい気持ちで参詣して、一晩中神の前で、「自分の身は、もうどうなってもかまいません。この娘を安心な状態にしてお見せください」と数珠をすりあわせて、泣きながら申し上げたが、この娘は、参り着くとすぐに、母の膝を枕にして起き上がりもせず寝ていたので、夜明け前になって、母が申すことには、「どれほどの固い決心をして、かなわないと思いながら

かちより参りつるに、かやうに、夜もすがら❸神も『あはれ』とおぼしめすばかり申し給ふべきに、

徒歩で参詣したのだから、このように、一晩中神も気の毒だとお思いなさるほどの（願いを）申し上げなさるべきなのに、

思ふことなげに寝給へるうたてさよ」とくどきければ、❷むすめおどろきて、「かなはぬ心地に苦しくて」といひて、

悩み事もなさそうに寝ていらっしゃることの情けなさよ」と繰り返し言ったところ、娘は目を覚まして、「どうにもならない気持ちで苦しくて」と言って、

身の憂さをなかなかなにと石清水（いはしみづ）おもふ心はくみてしるらん

（私の）身のつらさをかえってこれこれと言わないでおこう。石清水の神は、（私の）思う気持ちをくみ取ってわかっているだろう。

とよみたりければ、❶母も恥づかしくなりて、ものもいはずして下向（げかう）するほどに、七条朱雀（すざく）の辺（あた）りにて、世の中にときめき給ふ❹雲客（うんかく）、桂（かつら）より遊びて帰り給ふが、この❷むすめをとりて車に乗せて、やがて北の方にして始終いみじかりけり。

と詠んだので、母もきまり悪くなって、何も言わないで（石清水から）帰る時に、七条朱雀のあたりで、世間でもてはやされていらっしゃる殿上人で、桂から遊んでお帰りになる人が、この娘を（一目で心ひかれて）奪い取るようにして車に乗せて、そのまま妻にして生涯とても大切にした。

（❸大菩薩（ぼさつ）この歌を納受ありけるにや。）

（石清水八幡宮の）八幡大菩薩がこの（娘の）和歌を受け入れたのであろうか。

解答解説

問1 ア
問2 イ
問3 うたてさよ
問4 ウ
問5 参る
問6 エ
問7 エ

解説

問1 「かなしさ」は、「いとおしさ・かわいさ」という意味なので、解答はアとなる。

問2 直前の「我が身は、～見せさせ給(たま)へ」の会話文の主語は女房(＝母)なので、傍線部❷の主語も女房(＝母)となる。解答はイ。

問3 傍線部❸は、娘がせっかく石清水八幡宮(いわしみずはちまんぐう)に詣でたのに、祈りもせず寝ているという文意である。そのような娘の行動に対しての女房(＝母)の心情は、本文7行目の「いかばかり」で始まる会話文で述べられている。その心情を五字以内で最も端的に表しているのは会話文末の「情けなさよ」という意味の「うたてさよ」の部分である。

問4 「石清水」は**ミニブック**にも載っている重要掛詞(かけことば)。「石清水」という神社の名称に「言はじ＝(動詞「言ふ」の未然形＋打消意志の助動詞「じ」」という意味をもたせている。また和歌が詠まれた場面・

文脈と関係あるものがなることが多いので、「八幡」の注に石清水八幡宮という情報があることにも注目したい。

問5「下向す」は「神仏に参詣して帰る」という意味なので、逆の行動とは、「神仏に参詣する」という意味がある「参る」。本文4行目・6行目・7行目に連用形の「参り」があるが、設問で要求されている終止形で答えることに注意すること。

問6「ときめく」には、「時流に乗って栄える・もてはやされる」という意味がある。また、「雲客（うんかく）」は、**ミニブック**にも載っている重要古文常識で「殿上人」の意味。よって、解答はエ。

問7「いみじ」は、「とてもすばらしい」の意味でも「とてもひどい」の意味でも使う単語なので、何が「いみじ」なのか、その文章でプラス・マイナスどちらで捉えられているかを考える。ここでは、雲客が娘を北の方（＝妻）にしたという文脈なので、プラスイメージ。選択肢の中で、明確にプラスイメージで使われているエが解答となる。

この本を読み終えたキミに

本書を買ってくれた皆さん、本当に心から感謝します。この本のことを、また、僕のことを信じてついてきてくれてありがとう！　少しでも皆さんの学習に貢献できていたら、嬉しいです。

本書のテーマは「古文の読解法の習得」でした。本書で読解法を習得してくれたキミたちは、いよいよ読解問題で演習を積むことができます。ここでは、本書を読み終えた皆さんに古文の全体の勉強の流れをお伝えして、具体的に本書の先にどういった勉強法で古文の勉強を進めていくべきなのかを伝えます。

古文の勉強法の全体像

「この本を手に取ったキミに」でも説明したように、古文の勉強法は大きく4段階に分かれます。

❶古典文法の理解　＋　❷古文単語の暗記
❸読解法の習得
❹読解演習

古文の勉強は積み上がり式ですから、❶❷を終えていないのに❸を、❶❷❸を終えていないのに❹をやってしまうと無駄な勉強になってしまいます。本書は「❸読解法の習得」を担っていましたが、それ以前に「❶古典文法」や「❷古文単語」が完成していないと、「❹読解演習」をやっても効率が悪いので、必ず❶❷❸を潰してから❹に進むようにしてくださいね。

❶古典文法の理解

マナビズムオススメ！　古典文法参考書

標準大学レベル（中堅私大・共テ）～**最難関大学レベル**（上位国公立大）
『八澤のたった6時間で古典文法』（Gakken）

❷ 古文単語の暗記

マナビズムオススメ！ 古文単語帳

標準大学レベル（中堅私大・共テ）	『マドンナ古文単語230 パーフェクト版』（Gakken）
難関大学レベル（難関私大・地方国公立大）～**最難関大学レベル**（上位国公立大）	『GROUP30で覚える古文単語600』（語学春秋社）

※志望校に応じていずれか1冊でOK。
※古文単語を見て、現代語の意味が出てくるように覚えましょう。

❸ 読解法の習得

マナビズムオススメ！ 古文読解の参考書

標準大学レベル（中堅私大・共テ）～**最難関大学レベル**（上位国公立大）	『八澤のたった3時間で古文読解』（Gakken）

❹ 読解演習

ここまでくれば、後は❶～❸で学んだことを使って、文章を読み解いていく演習をします。これまでの講師経験の中で、おおよそ標準大学レベル（中堅私大・共テ）で60～100題、難関大学レベル（難関私大・地方国公立大）で80～120題、最難関大学レベル（上位国公立大）で

100～140題程度こなせれば入試問題で戦える状態になると感じています。

マナビズムオススメ！　古文演習の問題集

レベル	問題集	題数
標準大学レベル（中堅私大・共テ）	『古文レベル別問題集3』（東進ブックス）	10題
	『古文レベル別問題集4』（東進ブックス）	12題
	『大学入試問題集 岡本梨奈の古文ポラリス1』（KADOKAWA）	14題
	『大学入試問題集 岡本梨奈の古文ポラリス2』（KADOKAWA）	14題
	『大学入試 全レベル問題集 古文 3 私大標準レベル』（旺文社）	12題
	『「有名」私大古文演習』（河合出版）	20題
難関大学レベル（難関私大・地方国公立大）	『古文レベル別問題集5』（東進ブックス）	15題
	『大学入試問題集 岡本梨奈の古文ポラリス3』（KADOKAWA）	14題
	『首都圏「難関」私大古文演習』（河合出版）	20題
	『関関同立大 古文』（河合出版）	16題
	『大学入試 全レベル問題集 古文 4 私大上位・私大最難関・国公立大レベル』（旺文社）	14題
最難関大学レベル（上位国公立大）	『古文レベル別問題集6』（東進ブックス）	15題
	『得点奪取 古文 記述対策』（河合出版）	12題
	『鉄緑会 東大古典問題集 資料・問題篇』（KADOKAWA）	10題

もちろん、これらの参考書を全て買ってやるようにと指示しているわけではありません。塾や予備校に所属している子、独学で受験を突破しようとしている子、状況は人によって様々で、一人ひとりの受験戦略があるでしょう。何が課題で、その課題を攻略するにはどの選択肢が良いのか、それを考えて、どれをやってどれをやらないかを決めてください。

演習を積んだにもかかわらず「全然読めない」と嘆くキミへ

この嘆きは至極真っ当なものです。これまでの先輩たちも、これと同じ悩みをほぼ全員と言っていいほど抱いてきました。

ここからは、古文が読めるようになる考え方と具体的な解決策を提示します。

考え方：初見の古文が「読めている」＝一文一文を丁寧に解釈することができている状態

まず、高校生が数年古文の勉強をしたところで、古文を音読するスピードで読解していくことは不可能です。絶対無理。今の私でも、音読のスピードと比べて、読解のスピードのほうが格段に遅くなります。英語は音読するスピードで、ある程度内容も捉えられるし、読んでいけるようになりますね？　でも古文は無理です。ここを勘違いしている高校生が多いので、まずは認識を改めてください。

では、初見の古文の文章が「読める」とはどういう状態か。それは、「一文一文を丁寧に解釈することができている状態」です。英語でいうと、「音読と同じスピードで内容を捉えていける状態」ではなく、「全ての英文を前から解釈していける状態」です。**古文は一文一文を丁寧に解釈して本文を解析し、そこから設問を解いても、十分試験時間内で解き終えられるように作問されています。**

具体的な解決策：問題演習量と古文解釈

問題演習量は前述したとおりです。それらの一つ一つの演習問題を使って、ただ答え合わせをして、設問の解説を読むだけで満足するのではなく、古文解釈の訓練をしていきたいわけです。

その古文解釈の方法は、必ず以下の方法でやってください。**まず、本文ページを開き、横に全訳を置きます。本書の読解法を使用しながら、一文一文主語を取り、自分がどこで誤読をしたのか？ 次はどのように読めばその誤読が防げるのか？ を考えながら、全ての文章を訳していきます。** おおよそ高校生が古文解釈しようとすると、解いた時間の3～6倍の時間がかかると思っていてください。30分で解く問題であれば1時間半～3時間くらいです（僕でも演習時間の2～3倍かかります）。

このやり方を30題くらい繰り返すと、ようやく古文の力がついてきたかな、とじわじわ実感してきます。最初は誤読が多く、とある箇所から突然読めなくなるような現象が続くでしょう。でも、この復習法を心がければ、2～3行しか読めなかったものが、徐々に5～6行…2段落まで…4段落まで…全部読めた！ となっていきます。

いい加減な復習方法で演習問題を10題そこそこやったくらいで、「全然読めない」なんて甘いことを言わないように。やり方を間違えなければ、一題一題問題演習をするたびに力がついていくことがわかるはずです。

著者　八澤 龍之介

着眼大局

着手小局

マナビズム八澤龍之介

八澤龍之介　YAZAWA RYUNOSUKE

株式会社mooble代表取締役社長・難関私大専門塾マナビズム代表。高校3年生のときに「人の夢を叶える人になる」ことを自分の人生のテーマに決め、起業家になることを決意。関西大学法学部在学中にアルバイトを掛け持ちして資金を貯め、19歳で学習塾FCで独立。22歳でFCから脱退し、オリジナルブランドの学習塾である「マナビズム」を立ち上げる。教育系YouTuberとしても活動しており、これまで1000名以上を難関大に合格させてきたノウハウや勉強法を受験生に発信している。チャンネル登録者は4.8万人以上。これが認められ、様々な有名大学のオープンキャンパスで講演や受験対策講座を請け負っている。

※プロフィールは発刊時(2024年7月)のものです

八澤の
たった3時間で古文読解

STAFF

ブックデザイン	新井大輔　中島里夏(装幀新井)
イラスト	くにともゆかり
企画	髙橋龍之助(学研)
編集	留森桃子(学研)
編集協力	佐藤玲子
校正	坪井俊弘　高倉啓輔　高木直子 川本翔太郎　中野公介 有限会社 マイプラン
映像編集	栗山湧
販売担当	永峰威世紀(学研)
データ作成	株式会社 四国写研
印刷	株式会社 リーブルテック

読者アンケートご協力のお願い

この度は弊社商品をお買い上げいただき、誠にありがとうございます。本書に関するアンケートにご協力ください。右の二次元コードから、アンケートフォームにアクセスすることができます。ご協力いただいた方のなかから抽選でギフト券(500円分)をプレゼントさせていただきます。

アンケート番号　305892

※アンケートは予告なく終了する場合がございます。

受験に必要な各科目の要点を1冊で総整理。
人気講師による「超」がつくほど面白くてわかりやすい授業動画が全章に付いて、
自宅にいながら高校３年間の学習をスピード攻略できます。

- **八澤のたった6時間で古典文法**
  八澤龍之介 著　価格1,650円（税込）
- **八澤のたった7時間で英文解釈**
  八澤龍之介 著　価格1,870円（税込）
- **宗のたった4時間で現代文**
  宗慶二 著　価格1,870円（税込）
- **岡本のたった3時間で漢文句法**
  岡本梨奈 著　価格1,925円（税込）
- **八澤のたった3時間で古文読解**
  八澤龍之介 著　価格1,760円（税込）
- **ダイジュ先生のたった10時間で英文法**
  ダイジュ先生 著　価格1,925円（税込）

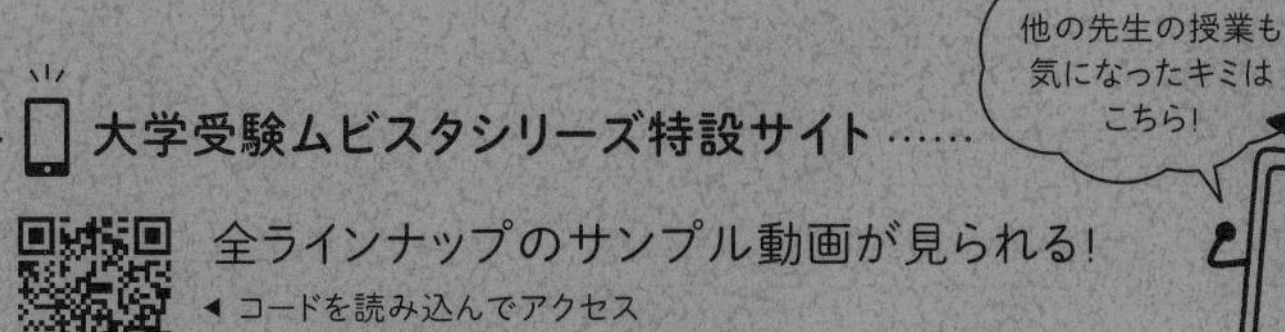

目次

古文読解の流儀

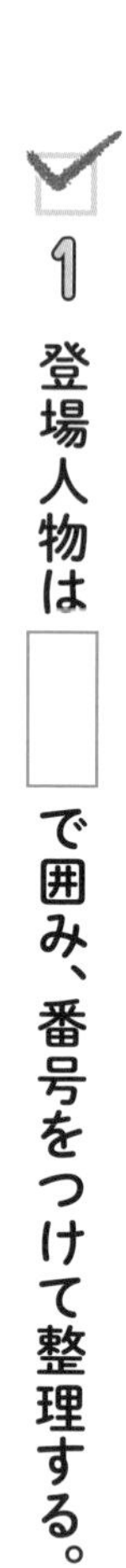

1 登場人物は□で囲み、番号をつけて整理する。

・同じ人物の呼び名が変わった場合も、同じ番号をつけていく。
・どの番号の登場人物が高貴なのかを意識する。

2 体言の下に助詞がないときは、「が(は)・を」を補う。

3 「て・で・つつ」には○のチェックをし、前後で主語が変わりにくいことを意識する。

・「て・で・つつ」の前後では、主語は90%変わらない。

4 「を・に・ば・ど・が」には△のチェックをし、前後で主語が変わりやすいことを意識する。

・「を・に・ば」の前後で、主語は70％変わる。
・「ど・が」の前後で、主語は50％変わる。
※「を・に」が格助詞の場合は、気にしなくてよい。

5 「と・とて・など」の上には、「　」をつける。

・文中で助詞「と・とて・など」があれば、その上は会話・心中表現なので、「　」でくくる。
・「は、　」をつけてから考える。

6 「ぞ・なむ・こそ・しぞ・しも・しこそ」は、×印をつけて読み飛ばす。

7 体言の省略を補う。

連体形＋　助詞
連体形＋　、（読点）
→体言の省略

※「こと・の・とき・人・ところ」を入れるとうまくいくことが多い。

8 挿入句は（　）でくくり出す。

・よくある挿入句のパターン

…、（…にや、）…
…、（…にか、）…
…、（…推量、）…

9 敬語には、K(謙譲)・S(尊敬)・T(丁寧)のチェックをつける。

主体(〜は・〜が) への敬意 Ⓢ
客体(〜を・〜に) への敬意 Ⓚ
T

Sがある場合 → 主体(〜は・〜が) の部分に高貴な人を入れて読み進める
Kがある場合 → 客体(〜を・〜に) の部分に高貴な人を入れて読み進める

・どの登場人物が高貴なのかを、読解中に意識する。
・Sがないと主体は高貴ではない、Kがないと客体は高貴ではないとわかる。
・会話文中でSがある場合、主語は一人称にならない。
・会話文中で心情表現がある場合、主語は一人称になりやすい。
・日記・随筆で地の文中にSがある場合、主語は作者にならない。

10 特に身分が高い人に使用する敬語に注意する

SSがある場合 → 主体（〜は・〜が） の部分にとても高貴な人を入れて読み進める

KKがある場合 → 客体（〜を・〜に） の部分にとても高貴な人を入れて読み進める

・「奏す」の客体は「天皇・上皇（元天皇）」で確定。

・「啓す」の客体は「中宮、皇后（天皇の妻）・東宮（天皇の息子）」で確定。

11 和歌の解釈方法

〈手順1〉五／七／五／七／七　に分け、句切れを探す。

〈手順2〉文法力・単語力で直訳する。

〈手順3〉修辞法を探す。　※直訳して意味の通じにくいところに多い。

〈手順4〉本文で「誰が・どんな状況で・どんな心情を・何のために詠んだのか」を確認し、訳す。

重要構文まとめ

重要構文		意味
～を～み		～が～ので
こそ～	已然形、	～けれども、
もぞ～ もこそ～	連体形。 已然形。	～すると困る。・～すると大変だ。
え～	打消	～できない
あながち～	打消	必ずしも～ない
いたく～	打消	あまり～ない
をさをさ～	打消	ほとんど～ない・めったに～ない
あへて～	打消	まったく～ない・少しも～ない・進んで～ない

構文	呼応	訳
おほかた〜 かけて〜 いささか〜 さらに〜 すべて〜 たえて〜 つやつや〜 つゆ〜 ゆめ〜 ゆめゆめ〜 よに〜 よも〜	打消 打消 打消 打消 打消 打消 打消 打消 打消 打消 打消 打消	まったく〜ない・少しも〜ない
よも〜	じ（まじ）	まさか〜あるまい・まさか〜ないだろう
かまへて〜	打消	まったく〜ない・少しも〜ない
かまへて〜	意志・命令	必ず〜しよう・必ず〜しろ
かまへて〜 あなかしこ〜 ゆめ〜 ゆめゆめ〜	禁止 禁止 禁止 禁止	決して〜するな

重要構文	意味
な〜　そ	〜するな・〜しないでほしい
〜ましかば　…まし 〜ませば　…まし 〜せば　…まし 未然形＋ば　…まし	もし〜ならば…だろうに
〜くは、	もし〜ならば、
〜ずは、・ずば、	もし〜ないならば、
未然形＋ばこそあらめ、	〜ならともかく、
よし〜　とも、	たとえ（仮に）〜ても、
すべからく〜　べし まさに〜　べし	当然〜すべきだ
むべ〜　推量	なるほど〜だろう
はやう〜　けり	なんとまあ〜だったよ

疑問語まとめ

疑問語	意味
何・いかなり	なに・どんな（What）
いづれ・いづかた・誰・何者	だれ（Who）
いづれ・いづかた	どれ（Which）
いづれ・いづかた・いづこ いづく・いづら・いづち	どこ（Where）
いづれ・いつ	いつ（When）
なぞ・などか・など・なでふ なんでう・なにか・いかで	なぜ・どうして（Why）
いかに・いかが	どのように（How）

疑問語	意味
いかがしけむ	①どうしたのだろうか
いかがすべからむ いかがすべき いかがせまし いかがはすべき	①どうしようか
いかがせむ いかがはせむ	①どうしようか　②どうしようか、いや、どうしようもない
いかがは	①どのように　②どんなに〜か　③どうして〜か、いや、〜ない
いか様（さま）なり・いか様（よう）なり	①どのようだ
いかでか いかでかは	①どうして　②どうして〜か、いや〜ない　③なんとかして ※文末の文法表現に注意！ 文末が推量・疑問・反語などの弱い、消極的な意味の場合①② 文末が希望・願望・意志・命令などの強い、積極的な意味の場合③ ※「いかでかは」は②になりやすい
いかでも	①なんとしてでも　②どのようにでも

疑問語	意味
いかならむ	①どんなであろう ②どうなることだろう ③どのような
いかなれば	①どうして
いかなれや	①どうして ②どのような
いかにして いかにしても	①どうして ②なんとかして
いかにも	①どのようにでも ②どうしても(下に打消) ③なんとかして(下に願望・意志) ④非常に ⑤確かに
いかにもいかにも	①なんとしても ②いずれにせよ ③そのとおり
いかばかり・いかほど	①どれほど

ジャンル別読解法

説話

説話とは、短編のお説教話。エピソードから始まり、その**エピソードから学ぶべき教訓が最後にまとめられている**ことが多い。

説話の読解ポイント

- **「今は昔（中ごろ・近ごろ）」で文章が始まり、文末に「けり」がつく形が多い。**
- **話の展開を意識し、エピソードによってどのような教訓を伝えたいのかを考えながら読み進める。**
- **①世俗説話（せぞくせつわ） ②仏教説話 ③歌徳説話（かとく）** に分けて、読解する意識を変える。

世俗説話

・仏教や和歌の話でなければ、基本的に世俗説話と判断

・道徳的な教訓を伝えるものが多い

㊀ **今昔物語集**（こんじゃくものがたりしゅう）　**十訓抄**（じっきんしょう）　**宇治拾遺物語**（うじしゅういものがたり）　**古今著聞集**（ここんちょもんじゅう）　古本説話集（こほんせつわしゅう）　今物語（いまものがたり）　御伽草子（おとぎぞうし）

仏教説話

・仏教のありがたみを説く

〈仏教説話のよくあるパターン〉

①大切な人が死ぬ↓諸行無常※を悟る↓出家する

②一見なんてことない僧の登場↓実は徳のある僧だった

※諸行無常…全ての事象は変わりゆくということ。

㊀ **沙石集**（しゃせきしゅう）　**発心集**（ほっしんしゅう）　閑居友（かんきょのとも）　日本霊異記（にほんりょういき）

歌徳説話

・良い和歌を詠むことで、良いことが起こる

〈歌徳説話のよくあるパターン〉

ネガティブなシチュエーション→当意即妙(とういそくみょう)※の和歌を詠む→良いこと※が起こる

※当意即妙＝その場や状況に応じてすばやく機転を利かせて対応すること

※良いこと＝立身出世、恋愛成就、神仏から利益を得る　等

㊞伊勢(いせ)物語、今昔(こんじゃく)物語集、古今著聞集(ここんちょもんじゅう)等の一部

物語

物語とは、作者による作り話。実話を元にする場合もあれば、完全フィクションの場合もある。**貴族社会の話が多く、登場人物も多くなりやすい。**入試では長編物語の一部が切り取られたものを読むことになる。

物語の読解ポイント

▼長編物語の一部を切り取って出題されるので、**リード文や注釈の整理が重要**になる。

▼貴族社会の話が多く、登場人物も多くなりやすいので、**いつも以上に敬語に注意し、登場人物を整理しながら読み進める。**

▼有名な作品の読解ポイントを押さえておくと差がつく。

作り物語

源氏物語 作 紫式部

イケメンですべてが完璧な主人公（光源氏）が、多くの女性と恋に落ちるラブストーリー。全54帖あるが、最後の10帖（宇治十帖）は光源氏死後のストーリーで、主人公が薫の君に変わる。

地の文中で光源氏に最高敬語は使われない。

宇津保物語

親から子へ、**琴の秘曲を伝承**していくお話。**琴の名家に生まれた主人公（藤原仲忠）が、絶世の美女（あて宮）に求婚するものの、天皇の息子（東宮）に取られ、失恋する。**

落窪物語

ヒロイン（落窪姫）が、継母（北の方）にひどくいじめられ、イケメンの恋人（道頼）に助けられる話。落窪の召し使い（あこぎ）と道頼の召し使い（帯刀）も本文でよく登場する。

「継子いじめ」日本版シンデレラ（⇔住吉物語）

狭衣物語 作 六条斎院宣旨？

イケメン主人公（狭衣大将）の片思いのお話。片思いの女性（源氏の宮）を思いながら、数々の女性に手を出しまくる。

松浦宮物語 作 藤原定家？

主人公（橘氏忠）の恋愛を描いた物語。ヒロイン1（神奈備皇女）との失恋後、ヒロイン2（華陽公主）に琴を教わっているうちに恋に落ち、成就する物語。

住吉物語

「継子いじめ」日本版シンデレラ（⇔落窪物語）

夜の寝覚 作 菅原孝標女？

ヒロイン（寝覚の上）が恋人（権中納言）と悲しい恋をする物語。

浜松中納言物語 作 菅原孝標女？

主人公（浜松中納言）とヒロイン（吉野の姫君）の悲恋を描く、夢のお告げと輪廻転生ストーリー。

歴史物語

栄花物語(えいがものがたり)　作 赤染衛門(あかぞめえもん)?

藤原道長を褒めたたえる歴史物語。

大鏡(おおかがみ)

語り手(大宅世継(おおやけのよつぎ)・夏山繁樹(なつやまのしげき))が若侍(わかざむらい)に対して、**藤原道長の栄華を語る。藤原道長を褒めたたえるだけでなく、批判的な指摘も多い。**

本文に書いていなくても、語り手の存在を意識すること(地の文に丁寧語が多い)。

また、主語のない心情語・謙譲語の主語は、語り手(大宅世継・夏山繁樹)である可能性が高い。

今鏡(いまかがみ)

後一条(ごいちじょう)天皇から高倉(たかくら)天皇までの約一五〇年間を記した歴史物語。

本文に書いていなくても、語り手の存在を意識すること(地の文に丁寧語が多い)。

また、主語のない心情語・謙譲語の主語は、語り手である可能性が高い。

軍記物語

平家物語　作 信濃前司行長？

平家の栄枯盛衰※を描く。諸行無常※や因果応報※などの仏教思想を多く含む。**平清盛が生きている間はポジティブな内容が多く、平清盛没後はネガティブな内容が多い。**

※栄枯盛衰…栄えたり衰えたりすること。
※諸行無常…全ての事象は変わりゆくということ。
※因果応報…善い行いをすれば善い報いがあり、悪い行いをすれば悪い報いがあるということ。

歌物語

大和物語

和歌を使った恋愛話や悲話。決まった主人公はおらず、さまざまな人物の和歌が登場する。

平中物語

イケメン主人公（平貞文）がさまざまな恋愛をする歌物語。失恋オチが多い。

伊勢物語

平安のモテ男の恋愛を描いた歌物語。モテ男は雅で色好みな在原業平がモデル。

日記

日記とは、作者が日々の出来事や感想などを書いたもの。日記は誰かに見せるために書いたものではないので、作者視点で**言わなくてもわかるような主体や客体がよく省略される。**

日記の読解ポイント

- **作者が登場することを意識する。**
- **地の文中の主語のない心情語の主語は、ほぼ作者。**
- **地の文中のS（尊敬語）は作者からの敬意になるため、主体は絶対に作者にならない。**
- **地の文中のK（謙譲語）は作者からの敬意になるため、客体は絶対に作者にならない。**

蜻蛉（かげろう）日記 作 藤原道綱母（みちつなのはは）

作者の夫（藤原兼家（かねいえ））へのグチ日記。

兼家は地位が高く、本妻以外にもたくさんの妻がいた。作者も本妻ではなく、**「夫が私だけを愛してくれなくてつらい」という不満**を日記に記している。**作者に加えて、夫（兼家）と子（道綱）にも地の文では敬意を払わない。**

とはずがたり 作 後深草院二条（ごふかくさいんのにじょう）

恋多き作者の14〜49歳までの日記。

後深草院を始め、いろいろな男と恋に落ちては、子供を生み、最後には悲惨な捨てられ方をする。男運が悪い。最終的に出家して尼になる。

和泉式部日記
作 和泉式部

作者の過去の不倫話を記したノンフィクション小説。亡くなった元彼（為尊親王）の弟（敦道親王）との不倫話。**敬意が払われている対象は敦道親王であることが多い。**

讃岐典侍日記
作 藤原長子

作者の最愛の人（堀河天皇）の看取りと死後も忘れられない日々をつづった日記。最愛の人を亡くした作者は悲しみが癒えないなか、堀河天皇の6歳の子（鳥羽天皇）の世話をする。**過去の助動詞と敬語がセットで出てきたら、敬意の対象は亡き堀河天皇であることが多い。**

建礼門院右京大夫集
作 建礼門院右京大夫

作者の和歌を集めた歌集のような日記。**基本的に収録されている和歌は、恋人（平資盛）への愛情であったり、失った悲しみを詠み込んでいる。**

更級日記
作 菅原孝標女

ファンタジー好きの作者が理想と現実のギャップに萎える日記。作者は、源氏物語などの「理想的なイケメンとのドラマチックな恋」に憧れるが…。

紫式部日記
作 紫式部

一条天皇の正妻（中宮彰子）に仕えた作者が、宮中であったあれこれを記した日記。**宮中の話なので、偉い人がたくさん出てきて敬語での主客判別も難しいため、藤原氏の主要関係図をある程度覚えておくと得。**紫式部は、同時期に中宮定子に仕えた清少納言のことを、日記の中でかなり批判している。

土佐日記
作 紀貫之

作者が、土佐から京都に戻ってくるまでの旅日記。**作者は土佐で愛娘を亡くしており、折りに触れその娘のことを思い出し悲しみに暮れる。**日本初の仮名日記で、紀貫之が女性のふりをして書いている。（女性仮託）

十六夜日記(いざよいにっき) 作 阿仏尼(あぶつに)

作者が、京都から鎌倉に出かけていく旅日記。

うたたね 作 阿仏尼

作者の失恋・出家の回想記。

随筆・評論（歌論）

随筆とは、作者が自身の思いや考えを伝えたくて書いたもの。日記と同様、作者が登場するが、**誰かに何かを伝えたくて書いたもの**であるという、日記との違いがある。和歌に関する随筆を「評論（歌論）」とするのが一般的。「随筆＝日記＋主張」というイメージ。

随筆・評論（歌論）の読解ポイント

- ▼ **作者が登場することを意識する。**
- ▼ **地の文中の主語のない心情語の主語はほぼ作者。**
- ▼ **地の文中のSは作者からの敬意になるため、主体は絶対に作者にならない。**
- ▼ **地の文中のKは作者からの敬意になるため、客体は絶対に作者にならない。**
- ▼ **主張の部分に強い文法表現※が多い。**

※強い文法表現＝係り結び・当然「べし」・断定「なり」・願望「なむ・ばや・がな」など

- ▼ **歌論は、登場する和歌の何を評価し、何を批判しているのかを意識して読解する。**

※歌論のよくある対比…込められた心VS優美な言葉　情景をそのまま詠むVS技巧（テクニック）　伝統的な言葉VS日常の言葉

随筆

枕草子 作 清少納言

一条天皇の正妻（中宮定子）に仕えたシゴデキ秘書のネタ帳。
即座に機転を利かせて詠む和歌の素晴らしさ、定子様の素晴らしさ、定子様との仲良し自慢が主な内容。**宮中の話なので、敬語での主客判別も難しいため、藤原氏の関係図をある程度覚えておくと得。同僚の女房に対しては敬意を払わず、天皇家の人々にはもちろん敬意を払う。最高敬語の敬意の対象は「中宮定子」がとても多い。**

方丈記 作 鴨長明

仏教的無常観（すべてのものが一定ではなく、絶えず変化するという仏教の基本的な教え）**がテーマの随筆。**

徒然草 作 兼好法師

仏教的無常観（すべてのものが一定ではなく、絶えず変化するという仏教の基本的な教え）**がテーマの随筆。**

評論（歌論）

俊頼髄脳 作 源俊頼

和歌の良し悪し論。「これを読めばあなたも和歌が楽しめます」というような和歌大百科のようなもの。

無名抄 作 鴨長明

和歌の良し悪し論。有名歌人の面白エピソードなども含まれる。

和歌の修辞法

和歌の修辞法まとめ

枕詞（まくらことば）▼▼▼ ある特定の語を導くために、前に置く語

①5音（ひらがな5文字）が中心　②導く語が決まっている　③訳さない

序詞（じょことば）▼▼▼ ある語を導くために、前に置く語句

①7音以上　②導く語は決まっていない　③訳す

※序詞は「比喩型・同音型・掛詞型」の3パターン

掛詞（かけことば）▼▼▼ 一つの語に対して二通りの意味を持たせる修辞法

※ひらがなで表現されることが多い

［縁語（えんご）］▼▼▼ **縁語とは関係の深い語を、和歌の中に盛り込む修辞法。連想ゲームのようなもの**

※縁語は掛詞と併用されることが多い

頻出の枕詞

枕詞	導き出される語	ワンポイント解説
あかねさす（茜射す）	日・昼・紫・光・月	キレイな夕焼け空の色のような光が射すことから、「輝くもの」に関する語を導く。
あしひきの あしびきの（足引きの）	山・峰・木の間（こま）	険しい山中で歩き疲れて、足をひきずる状態から、「山」に関する語を導く。
あづさゆみ（梓弓）	張る・射る・引く・本（もと）・末（すゑ）	梓という堅い素材の木で弓を作っていたことから「弓矢」に関する語を導く。
あらたまの（新玉の）	年・月・日・春	「暦（こよみ）（カレンダー）の変わり目」に関する語を導く。
あをによし（青丹よし）	奈良	青丹という青黒い土が奈良で取れることから「奈良」を導く。

枕詞	導き出される語	ワンポイント解説
いそのかみ（石上）	降(ふ)る・古(ふ)る・振(ふ)る・布留(ふる)	石上(いそのかみ)（地名）に布留という土地があったことから、「フルの音」に関する語を導く。
うつせみの うつそみの（空蟬の）	世・命・人・身	空蟬(うつせみ)（＝セミの抜け殻）のイメージから「はかないもの」に関する語を導く。
からころも（唐衣）	着る・裁(た)つ・裾(すそ)・袖(そで)・返す	中国風の衣服から「着物」に関する語を導く。
くさまくら（草枕）	旅・結ぶ・露・夕べ	旅先で野宿の際に、草を結んで枕にしたことから、「旅寝」に関する語を導く。
くれたけの（呉竹の）	節(ふし)・伏(ふ)し・臥(ふ)し 節(よ)・世(よ)・代(よ)・夜(よ)	呉竹(くれたけ)は中国産の竹のこと。「竹の節・ヨの音」に関する語を導く。
しろたへの（白妙の）	衣(ころも)・袖(そで)・袂(たもと)・雪・雲	白妙(しろたへ)という白く美しい布のことから、「衣服や白いもの」に関する語を導く。
たまきはる（魂極る）	命・世・うち	魂が極限に達するという語源から、「生」に関する語を導く。
たまのをの（玉の緒の）	絶(た)ゆ・乱る・長し・短し・継(つ)ぐ・現(うつ)し	玉の緒は引っ張ると切れやすい紐(ひも)だったことから、「紐」に関する語を導く。

枕詞	導く語	説明
たらちねの（垂乳根の）	母・親	垂乳根（たらちね）が母乳を飲ませて乳が垂れた女性を指すことから、「母親」に関する語を導く。
ちはやぶる ちはやふる（千早振る）	神・宇治・神社名	千年が神速（しんそく）で過ぎ去るくらい勢いが激しいさまから、「神」に関する語を導く。
なつくさの（夏草の）	深し・繁（しげ）し・野・野島（のしま）・刈る・萎（な）ゆ	草が繁茂（はんも）する状態を表すことから、「生い茂る草」に関する語を導く。
ぬばたまの むばたまの うばたまの（烏羽玉の・射干玉の）	黒・夜・闇・夢・髪・夕	カラスの羽の色から、「黒いもの」に関する語を導く。
ひさかたの（久方の）	光・天（あま・あめ）・空・雨・月・雲	届きもしない遥（はる）か彼方（かなた）というニュアンスから、「天空・天体」に関する語を導く。
ももしきの（百敷の）	大宮（おほみや）	宮廷は、多くの石や木が敷き詰められていることから、「大宮（＝皇居・神宮）」を導く。
わかくさの（若草の）	妻・夫（つま）・新（にひ）・妹（いも）・若	若草のように、フレッシュな「夫婦」に関する語を導く。

頻出の掛詞

掛詞	掛詞になる語
あかし	明石(あかし)(地名) 明かし(＝明るい)
あき	秋 飽き(＝満足する・愛情が冷める)
あふ	逢坂(あふさか)(地名) 逢ふ(＝結婚する・深い仲になる)
あま	天(あま) 尼(あま) 海人(あま)(海女・漁師)
あらし	嵐 あらじ(「じ」は打消推量の助動詞)
いはしみづ	石清水(岩の間からわき出るきれいな水) 言はじ(「じ」は打消推量の助動詞)
いる	射る 入る

掛詞	意味
うき	浮き 憂き（＝つらい）
うら うらみ	浦・浦見（＝海辺を見ること） 裏・裏見 恨み 心(うら)
おき	隠岐(おき)（地名） 置き 沖 起き
かる	刈(か)る 枯(か)る 離(か)る（＝離れる） 借る
すみ	住江(すみのえ)（地名） 住(す)み 澄み

掛詞	掛詞になる語
たつ	立つ 発(た)つ 裁(た)つ 竜(たつ)
ながめ	長雨(ながめ) 眺め（＝物思いにふける）
なみ（だ）	無(な)み（＝無いので） 涙 波
ね	根 音 寝 子(ね)
ひ	火 日 思ひ 恋ひ

ふみ	踏み 文(ふみ)（＝手紙）
ふる	降る 経(ふ)る（＝時間が経つ　「経(ふ)」の連体形） 振(ふ)る 古(ふ)る
まつ	松 待つ
みをつくし	澪標(みをつくし)（＝海中に立てる航路標識の杭(くい)） 身を尽くし
よ（る）	夜 寄る 世(よ)・代（＝世の中・時代・一生） 節(よ)（＝竹の節と節の間の空洞）

頻出の縁語

中心語	縁の深い語
葦（あし）（＝植物）	根・刈る・節（よ）
雨・時雨（しぐれ）・長雨（ながめ）	笠（かさ）・さす・降る・止（や）む
糸	縒（よ）る（＝繊維をねじって糸にする）・乱る・綻（ほころ）ぶ（＝糸がほどける）・織（お）る・細し・張る・貫く
海	沖・漕（こ）ぐ・海人（あま）（＝海女・漁師）・波・潮・満つ・寄る・干（ひ）る
浦	波・海人（あま）（＝海女・漁師）・渚（なぎさ）・海松（みる）（＝海藻）・流る
霞（かすみ）	立つ・たなびく・隔（へだ）つ
川	波・立つ・沈む・流（なが）る・早し・瀬（＝川の浅瀬）・底・澄む・渡る・水脈（みを）
霧	立つ・晴（は）る・空
草	萌（も）ゆ（＝草木が芽をふく）・刈る・枯（か）る・芽・繁（しげ）し
煙（けぶり）	火・雲・燃（も）ゆ・なびく

衣(ころも)	着る・馴(な)る・萎(な)る（＝よれよれになる）・袖(そで)・袂(たもと)・褄（＝裾(すそ)の両端）・裁(た)つ（＝裁断する）・張る
鈴	振る・鳴る
袖	結ぶ（＝袖(そで)を重ねて男女が一緒に寝て結ばれる）・裁つ（＝裁断する）・解く・涙（＝袖で涙を拭うところから）・張る
竹	根・節(ふし・よ)
露	消(き)ゆ・置く・結ぶ・葉・玉・命
波	浦・音・返る・高し・立つ・流れ・かかる・砕く・舟
火	消ゆ・燃(も)ゆ・焦(こ)がる・煙
雪	降る・消(き)ゆ
弓	張る・引く・射(い)る・反(そ)る・押す・返る
緒(を)（＝紐(ひも)）	絶(た)ゆ・ながらふ・弱る・乱(みだ)る・断(た)つ・長し・短し

古文常識

・赤太字＝難関大学の志望者は暗記。共通テスト8割レベル。
・黒太字＝最難関大学の志望者は暗記。共通テスト満点レベル。
・黒細字＝辞書として参照する。
・□で囲んだ語は文章中で登場人物だと判断するもの。
・◇は高貴度を表している。
◇◇◇＝敬意が払われることはほぼない。
◆◇◇＝敬意が払われることがある。
◆◆◇＝敬意が払われやすい。
◆◆◆＝敬意が必ず払われる。最高敬語が使われる。
・↓参照　↕反意語　≒同義語・類義語

あ

県召の除目（あがためしのぢもく）

地方官を任命する儀式。

阿闍梨（あざり） ◆◆◇

高僧。（≒聖・上人・僧正・僧都・入道）

逢坂の関（あふさかのせき）

山城と近江の国境の逢坂山にある関所。「逢坂」と「逢ふ」の掛詞として詠み込まれ、歌にふさわしい名所を表す地名としても有名。

有明月（ありあけのつき）

下旬の月。

白馬節会（あをうまのせちゑ）

一月七日に行われる青い馬（のち白い馬）を庭に引き出し、若菜摘みをする宮中のイベント。

い

五十日の祝ひ（いかのいはひ）

子どもが生まれて五十日目にするパーティー。

十六夜の月（いざよひのつき）
満月（15日）の翌日である十六日の月。

出だし衣（いだしぎぬ）
簾の下から着物の袖口や裾を外に見えるように出すこと。また出した衣。（≒打出）

戌（いぬ）
時間…20時頃　方角…西北西（↓十二支）

戌亥・乾（いぬゐ）
方角…北西（↓十二支）

妹（いも）
愛する女性。妻。（↕兄・背・夫）

妹（いも・いもうと）
年齢の上下にかかわらず、男性から見た女の姉妹。（↕兄人…年齢の上下にかかわらず、女性から見た男の兄弟。）（↓弟）

妹背（いもせ）
夫婦。もしくは兄と妹、姉と弟。

色好み（いろごのみ）
恋愛マスター。風流人の意もある。

う

卯（う）
時間…6時頃　方角…東（↓十二支）

丑（うし）
時間…2時頃　方角…北北東（↓十二支）

丑寅・艮（うしとら）
方角…北東。鬼が訪れる方角とされることから、鬼門といわれる。（↓十二支）

後ろ見（うしろみ）
世話をすること。またはその世話をしている人。

歌合（うたあはせ）
歌人が左右二組に分かれ、和歌の優劣を競う遊び。

歌枕（うたまくら）
和歌の中に多く詠み込まれてきた名所。

内（うち）
天皇。または宮中。（≒上・大君・帝・御門）

打出（うちいで）
簾の下から着物の袖口や裾を外に見えるように出すこと。また出した衣。（≒出だし衣）

袿（うちき）
女性の普段着。（↓唐衣・狩衣）

内舎人（うどねり）
天皇や皇族の近くに仕えて、雑務や警護などを務めたSP。（≒随身・舎人）

初冠（うひかうぶり）
男子の成人式。（≒元服）（↔裳着…女子の成人式）

上（うへ）
妻。「天皇」の意味もある。（≒内・大君・帝・御門）

上人（うへびと）
殿上人の別名。四・五位の役人たちと六位の蔵人。（≒殿上人・雲客・雲上人）

午（うま）
時間…午後十二時頃　方角…南（↓十二支）

雲客（うんかく）
殿上人の別名。四・五位の役人たちと六位の蔵人。（≒殿上人・上人・雲上人）

雲上人（うんじゃうびと）
殿上人の別名。四・五位の役人たちと六位の蔵人。（≒殿上人・上人・雲客）

お

弟（妹）（おとうと）
男女にかかわらず年下のきょうだい。（↓兄人・妹）

大臣・大殿（おとど）
大臣。（↓太政大臣・左大臣・右大臣・内大臣）

大君（おほいぎみ）
姉妹のうち、長女の姫君。（↓中君・三君）

大君（おほきみ）
天皇。（≒内・上・帝・御門）

大殿油（おほとなぶら）
宮中や身分が高い人の家にともした灯し火。

御許（おもと）
偉い人に仕える人。主に女房。

陰陽師（おんやうじ）
天文・暦・方位などで吉凶を占う人。

か

垣間見（かいまみ）
ものの隙間からこっそりのぞき見すること。

更衣（かうい）
天皇の妃のランク。女御の下で、尚侍の上の地位。（↓中宮・女御）

格子（かうし）
窓や出入り口に張り付ける建具。

隠し題（かくしだい）
和歌の中に、事物の名を隠して詠み込む技法。物の名ともいう。

方違へ（かたたがへ）
方塞がりのため方角を変えて泊まり、翌日方角を変えて目的地に向かうこと。（↓方塞がり）

方塞がり（かたふたがり）
進む方角に神々が巡って来ていて、行くことができない状態。（↓方違へ）

加持祈禱（かぢきたう）
災難や悪霊を払うために仏に祈ること。

仮名（かな）
平仮名。「女手」とも。（↕真名…漢字）

賀茂祭（かものまつり）
四月に賀茂神社で行われる祭り。

唐衣（からぎぬ・からころも）
女性の正装。（↕束帯…男性の正装）（↓袿）

雁（かり）
秋の渡り鳥で和歌によく詠まれる。

狩衣（かりぎぬ）
貴族の男性の普段着。（↓袿）

上達部（かんだちめ）

一位～三位の位階をもつ上流貴族と四位の参議。（≒公卿・月客・月卿）

き

北の方（きたのかた）

身分が高い人の妻。

几帳（きちゃう）

室内に立てて目隠しとした家具。可動式で部屋を仕切るのにも使う。

牛車（ぎっしゃ）

牛に引かせた、身分が高い人の乗り物。

後朝（きぬぎぬ）

男女が一夜を供に過ごした翌朝の別れ。

行啓（ぎゃうけい）

皇太后・皇后・中宮・皇太子などのおでかけ。（↔行幸・御幸）

君達・公達（きんだち）

身分が高い人の子供。

禁中（きんちゅう）

宮中。天皇と妃たちの住むところ。（≒禁裏・雲の上・雲居・九重・内・内裏）

禁裏（きんり）

宮中。天皇と妃たちの住むところ。（≒禁中・雲の上・雲居・九重・内・内裏）

く

公卿（くぎゃう）

上達部の別名。一位～三位の位階をもつ上流貴族と四位の参議。（≒上達部・月客・月卿）

下る（くだる）

高位の人のところから離れる。都から地方に行く。（↔上る）

雲の上（くものうへ）

宮中。天皇と妃たちの住むところ。（≒禁中・禁裏・雲居・九重・内・内裏）

雲居（くもゐ）
宮中。天皇と妃たちの住むところ。（≒禁中・禁裏・雲の上・九重・内・内裏）

蔵人（くらうど）
天皇の男性秘書。

蔵人所（くらうどどころ）
天皇の男性秘書が勤務する役所。（↓太政官・近衛府・大宰府）

蔵人頭（くらうどのとう）
蔵人所の長官。四位の官位。殿上人。

皇后（くわうごう）
天皇の正妻。

皇太后（くわうたいこう）
先代の天皇の正妻。現天皇の母。大后・大宮ともいう。

関白（くわんぱく）
成人した天皇を補佐して、政務を行う役職。一位の官位。上達部。（↓摂政）

け

懸想文（けさうぶみ）
男性が女性に送るラブレター。

外戚（げさく・げしゃく・ぐわいせき）
母親方の親戚。

月客（げっかく）
上達部の別名。一位〜三位の位階をもつ上流貴族と四位の参議。（≒上達部・公卿・月卿）

月卿（げっけい）
上達部の別名。一位〜三位の位階をもつ上流貴族と四位の参議。（≒上達部・公卿・月客）

検非違使（けびゐし）
警察官。

脇息（けふそく）
座ったときに横に置いてひじをかけ、体を支える道具。

蹴鞠（けまり）
鞠を蹴り上げて地面に落とさないようにする遊び。

験者（げんざ）

加持を行って祈禱により病気を治したり物の怪などを退散させたりする人。

元服（げんぷく）

男子の成人式。（＝初冠）（↔裳着…女子の成人式）

こ

後宮（こうきゅう）

宮中の北半分で天皇の妃たちが住むところ。

弘徽殿（こきでん）

後宮の建物の名前。有力な中宮候補の女御が住む。

国司（こくし・くにのつかさ）

地方国の長官。今でいう都道府県知事のようなもの。（＝国守）

国守（こくしゅ・くにのかみ）

地方国の長官。今でいう都道府県知事のようなもの。（＝国司）

九重（ここのへ）

宮中。天皇と妃たちの住むところ。（＝禁中・禁裏・雲の上・雲居・内・内裏）

近衛府（このゑふ）

宮中の警護を担当する役所。（↓太政官・大宰府・蔵人所）

権現（ごんげん）

仏が、人々を救うために、神などに姿を変えて現れること。また、その現れた神。

権帥（ごんのそち）

大宰府の役人。（＝帥）

さ

斎宮（さいぐう・いつきのみや）

神に仕える未婚の皇女。（＝斎院）

斎院（さいゐん・いつきのゐん）

神に仕える未婚の皇女。（＝斎宮）

箏（さう）
琴の種類。

曹司（ざうし）
宮中や官庁に設けられた部屋。

前追ふ・先追ふ（さきおふ）
偉い人が外出するとき、先頭で声をあげ、道の前方の人を追い払うこと。（→前駆・先駆）

前の世（さきのよ）
この世に生まれる前の世。前世。

指貫（さしぬき）
貴族の普段着。ズボン。（→直衣）

侍（さぶらひ）
偉い人のそばに仕えて雑用や警護をつとめる男性の従者。

申（さる）
時間…16時頃　方角…西南西（→十二支）

参内（さんだい）
宮中に行くこと。

三君（さんのきみ）
姉妹のうち、三女の姫君。（→大君・中君）

参籠（さんろう）
神社や寺に泊まって祈ること。

し

紫宸殿（ししんでん）
宮中の中心となる公式の儀式の場。

蔀（しとみ）
格子を取り付けた板戸。

十二支（じふにし）
十二の周期・順序を表す子・丑・寅・卯・辰・巳・午・未・申・酉・戌・亥のこと。方角は北を子として時計回りに、時刻は子を1つめとして数えて2n-2の公式に当てはめると導き出せる。

笙（しゃう）
笛の種類。

上皇（しゃうくわう・じゃうくわう）
元天皇。（→法皇・院）

上人（しやうにん）
高僧。（≒阿闍梨・聖・僧正・僧都・入道）

入内（じゅだい）
天皇の妃として宮中に入ること。

昇殿（しょうでん）
殿上の間に入ることを許されること。（↓殿上の間）

親王（しんわう）
天皇の兄弟、息子。（≒皇子・御子）（↓東宮・春宮）

す

透垣（すいがい）
庭などの周囲を仕切るための垣根。

随身（ずいじん）
偉い人の警護担当。（≒内舎人・舎人）

簀子（すのこ）
板敷きの縁側。（↓母屋・廂・庇）

炭櫃（すびつ）
いろり。

受領（ずりやう）
地方国の長官である国司（国守）のうち、実際に任地に赴いて政治を行う者。（↓国司・国守）

せ

兄・背・夫（せ）
愛する男性。夫。（↕妹）

清涼殿（せいりやうでん）
宮中の中の天皇の公的・私的な住まいの建物。

少将（せうしやう）
近衛府の次官。大将の補佐。五位の官位。殿上人。（↓大将・中将）

兄人（せうと）
年齢の上下にかかわらず、女性から見た男の兄弟。（↕妹…年齢の上下にかかわらず、男性から見た女の姉妹。）（↓弟）

少納言（せうなごん）
中納言に次ぐ地位で政務を行う。五位の官位。殿上人。（↓大納言・中納言）

摂政（せっしゃう）
幼い天皇に代わって、政務を行う役職。一位の官位。上達部（かんだちめ）。（↓関白（くわんぱく））

前駆・先駆（せんぐ・ぜんく・ぜんぐ）
行列の先に立ち、馬に乗って先導すること。またその人。（↓前追（さきお）ふ・先追（さきお）ふ）

前栽（せんざい）
庭の植え込み。

そ

僧（そう）
出家して仏道の修行をする人。

僧正（そうじょう）
高僧。（≒阿闍梨（あざり）・聖（ひじり）・上人（しゃうにん）・僧都（そうづ）・入道（にふだう））

僧都（そうづ）
高僧。（≒阿闍梨（あざり）・聖（ひじり）・上人（しゃうにん）・僧正（そうじゃう）・入道（にふだう））

束帯（そくたい）
男性の正装。（↕唐衣（からぎぬ）…女性の正装）

帥（そち・そつ）
大宰府（だざいふ）の長官。三位の官位。上達部（かんだちめ）。（≒権帥（ごんのそち））

た

題詠（だいえい）
あらかじめ設定された「題」によって歌を詠むこと。

大学寮（だいがくれう）
官吏養成のための機関。

大将（だいしゃう）
近衛府（このゑふ）の長官。三位の官位。上達部（かんだちめ）。（↓中将（ちゅうじゃう）・少将（せうしゃう））

太政官（だいじゃうくわん）
政治・行政の最高機関である役所。（↓近衛府（このゑふ）・大宰府（だざいふ）・蔵人所（くらうどどころ））

太政大臣（だいじゃうだいじん・おほきおとど）
太政官の最高職。一位の官位。上達部（かんだちめ）。（↓左大臣（ひだりのおとど））

大納言（だいなごん）
大臣に次ぐ地位で政務を行う。三位の官位。上達部（かんだちめ）。（↓中納言（ちゅうなごん）・少納言（せうなごん））

大弐（だいに）

大宰府の次官。

対屋（たいのや）

貴族の妻や子供たちの部屋。

内裏（だいり）

宮中。天皇と妃たちの住むところ。（≒禁中・禁裏・雲の上・雲居・九重・内）

滝口の陣（たきぐちのぢん）

清涼殿の北東にある、宮中の警護の武士の詰め所。

薫物（たきもの）

いろいろな香木の粉末をまぜ合わせ、練って固めたもの。

大宰府（だざいふ・ださいふ）

九州の地方行政機関。（↓太政官・近衛府・蔵人所）

畳紙（たたうがみ）

懐に畳んで入れておき鼻紙、または歌などを書くのに用いた紙。

辰（たつ）

時間…8時頃　方角…東南東（↓十二支）

辰巳・巽（たつみ）

方角…南東（↓十二支）

太郎君（たらうぎみ）

偉い人の長男。

端午（たんご）

五月五日に行われる菖蒲と薬玉を飾るイベント。

ち

地下（ぢげ）

昇殿の許されない中級・下級の役人。（↓昇殿）

除目（ぢもく）

諸官職を任命する行事。

帳台（ちゃうだい）

四方に幕をたらし、天井をつけた偉い人の寝る所。

中陰（ちゅういん）

人の死後四十九日間。7×7で七七日ともいう。

中宮(ちゅうぐう)
天皇の正妻。(→女御・更衣)

中将(ちゅうじゃう)
近衛府の次官。大将の補佐。四位の官位。殿上人。(→大将・少将)

中納言(ちゅうなごん)
大納言に次ぐ地位で政務を行う。三位の官位。上達部。(→少納言・大将)

重陽(ちょうやう)
九月九日に行われる端午の薬玉を外し、菊に取り換えるイベント。

つ

築地(ついぢ)
土塀。

司召の除目(つかさめしのぢもく)
在京の官職を任命する儀式。

晦・晦日(つごもり)
月末。

局(つぼね)
上級の女房や女官に与えられた私室。

夫・妻(つま)
夫から見た妻。または、妻から見た夫。

妻戸(つまど)
建物の四隅の出入り口にある、両開きの板戸。

釣殿(つりどの)
東西の廊の南端にある、池にのぞんでいる建物。

て

手習(てならひ)
習字。

殿上の間(てんじゃうのま)
清涼殿の中の、殿上人の仕事場・控え室。(→清涼殿・殿上人)

殿上人（てんじゃうびと）

殿上の間への出入りを許された四・五位の役人たちと六位の蔵人。（≒上人・雲客・雲上人）（↓殿上の間）

殿上童（てんじゃうわらは）

元服前の見習いのために殿上の間で奉仕する少年。

と

東宮・春宮（とうぐう）

皇太子。（↓皇子・御子・親王）

所顕し（ところあらはし）

披露宴。

舎人（とねり）

天皇や皇族のそば近くに仕えて、雑務や警護などを務めたSP。（≒内舎人・随身）

宿直（とのゐ）

夜間に宮中や役所に宿泊して、事務や警護をすること。

寅（とら）

時間…4時頃　方角…東北東（↓十二支）

酉（とり）

時間…18時頃　方角…西（↓十二支）

鳥辺野（とりべの）

京都の東山にある火葬場。「鳥辺山」ともいう。

な

内侍（ないし）

内侍司で仕える女官の総称。

尚侍（ないしのかみ）

内侍司の長官。天皇の妃でもある。

典侍（ないしのすけ・すけ）

内侍司の次官。

内侍司（ないしのつかさ）

天皇に仕える女官（≒内侍）が働く役所。

内親王（ないしんわう・うちのみこ）

天皇の姉妹、娘。

内大臣（ないだいじん・うちのおとど）

左大臣・右大臣に次ぐ地位で政務を行う。二位の官位。上達部。（↓大納言）

中君（なかのきみ）

姉妹のうち、次女の姫君。（↓大君・三君）

七七日（なななぬか）

人の死後四十九日目。またその日に行う行事。

直衣（なほし）

貴族の普段着。上着。（↓指貫）

に

入道（にふだう）

高僧。もともと身分が高い人が多く、出家しても位や政治権力をそのまま持っている。（＝阿闍梨・聖・上人・僧正・僧都）

女御（にょうご）

天皇の妃のランク。最も高い地位で、女御の中から正妻である中宮が選ばれる。（↓中宮・更衣）

女房（にょうばう）

宮中や貴族の家に仕える女性。

ね

子（ね）

時間…0時頃　方角…北（↓十二支）

の

野辺送り（のべおくり）

遺体を火葬場や墓地まで見送ること。

上る（のぼる）

高位の人のところへ行く。地方から都に行く。（↔下る）

野分（のわき）

秋から冬にかけて吹く激しい風。台風。

は

端近（はしぢか）
家の中で、外に近いところ。貴族の住居である寝殿造りの廂の間。

判者（はんじゃ）
歌合で、作品の優劣を判定する審判。

ひ

廂・庇（ひさし）
母屋の外で簀子の内側にある細長い部屋。（↓母屋・簀子）

聖（ひじり）
高僧。（＝阿闍梨・上人・僧正・僧都・入道）

直垂（ひたたれ）
庶民の普段着。

左大臣（ひだりのおとど）
太政大臣に次ぐ地位で政務の最高責任者。二位の官位。（↓右大臣）

未（ひつじ）
時間…14時頃　方角…南南西（↓十二支）

未申・坤（ひつじさる）
方角…南西（↓十二支）

火取（ひとり）
お香を焚くのに使う容器。

昼の御座（ひのおまし）
清涼殿にある天皇が日中に生活する場所。（↓夜の御殿）

屏風（びゃうぶ）
室内に立てて物を隔てさえぎったり、装飾にしたりする家具。

ほ

崩御（ほうぎょ）
天皇・上皇・中宮などが亡くなること。

絆（ほだし）
自由を束縛するもの。特に「仏道の妨げ」の意で使われる。

時鳥・杜鵑・郭公(ほととぎす)

夏を知らせる鳥で、和歌に多く詠まれる。

法皇(ほふわう)

仏門に入った元天皇の尊称。(↓上皇(しやうくわう)・院(ゐん))

ま

籬(まがき・ませ)

柴や竹などで目を粗く編んだ垣根。

真名(まな)

漢字。「男手(をとこで)」とも。(↕仮名(かな)…平仮名)

み

巳(み)

時間…10時頃　方角…南南東(↓十二支(じふにし))

帝・御門(みかど)

天皇。(≒内(うち)・上(うへ)・大君(おほきみ))

三日の餅(みかのもちひ)

男性が女性のもとへ三日続けて通い、正式に結婚したことを祝う餅。

右大臣(みぎのおとど)

左大臣(ひだりのおとど)に次ぐ地位で政務を行う。二位の官位。(↓内大臣(ないだいじん))

皇子・御子・親王(みこ)

天皇の息子。(≒皇子(みこ)・御子(みこ)・親王(しんわう))(↓東宮(とうぐう)・春宮(とうぐう))

御簾(みす)

偉い人のいる部屋の簾(すだれ)。

御帳(みちゃう)

四方に幕をたらし、天井をつけた偉い人の寝る所。

御階(みはし)

宮中や貴族の邸の階段。

宮(みや)

皇族の敬称。また皇族の住居。

御息所（みやすんどころ）

天皇の妃である女御・更衣の総称。皇太子の妃の意でも使われる。

行幸（みゆき・ぎょうこう）

天皇のおでかけ。（↓御幸・行啓）

御幸（みゆき・ごかう）

上皇・法皇・女院のおでかけ。（↓行幸・行啓）

め

乳母（めのと）

母親に代わり赤ん坊に授乳し、養育係となる女性。（↓乳母子）

乳母子（めのとご）

乳母の子供。（↓乳母）

も

裳（も）

女性の正装。（⇔唐衣）

喪（も）

死者を弔うためにすごす期間。

裳着（もぎ）

女子の成人式（⇔初冠：男子の成人式）

望月（もちづき）

十五日の夜の月。満月。

物忌み（ものいみ）

一定期間身を清めて、家にこもること。

物の怪（もののけ）

人にとりついて病気や不幸を引き起こす悪霊。

母屋（もや）

廂に囲まれた家屋の中心に位置する部分。（↓簀子・廂・庇）

や

遣水（やりみづ）

庭に水を導き入れて作った小川のようなもの。

ゆ

夢合はせ（ゆめあはせ）
夢の内容によって吉凶を判断すること。（≒夢解き）

夢解き（ゆめとき）
夢の内容によって吉凶を判断すること。（≒夢合はせ）

よ

四十の賀（よそぢのが）
四十歳の時に行われる長寿の祝い。

婚ひ・呼ばひ・夜這ひ（よばひ）
男が夜に女性の元に忍び込むこと。

夜の御殿（よるのおとど）
清涼殿にある天皇の寝室。（↓昼の御座）

ら

廊（らう）
建物と建物をつなぐ、屋根のある渡り廊下。

朗詠（らうえい）
和歌や漢詩を、メロディーをつけて歌うこと。

れ

連歌（れんが）
和歌の上の句と下の句を別の人が作って和歌を完成させること。

わ

渡殿（わたどの）
建物と建物をつなぐ、屋根のある板敷きの廊下。

ゐ

亥（ゐ）
時間…22時頃　方角…北北西（↓十二支）

院（ゐん）
上皇・法皇などの尊称。またその御所。偉い人の邸宅の意もある。（↓上皇・法皇）

助動詞の活用表

	接続	助動詞	未然形	連用形	終止形	連体形	已然形	命令形	活用の型	意味
1	未然形	る	れ	れ	る	るる	るれ	れよ	下二段	①受身(～れる・～られる) ②可能(～できる) ③自発(自然と～れる) ④尊敬(お～なる・～なさる)
2	未然形	らる	られ	られ	らる	らるる	らるれ	られよ	下二段	①受身(～れる・～られる) ②可能(～できる) ③自発(自然と～れる) ④尊敬(お～なる・～なさる)
3	未然形	す	せ	せ	す	する	すれ	せよ	下二段	①使役(～させる) ②尊敬(お～なる・～なさる)
4	未然形	さす	させ	させ	さす	さする	さすれ	させよ	下二段	①使役(～させる) ②尊敬(お～なる・～なさる)
5	未然形	しむ	しめ	しめ	しむ	しむる	しむれ	しめよ	下二段	①使役(～させる) ②尊敬(お～なる・～なさる)
6	未然形	ず	ず ざら	ず ざり	ず ざり	ぬ ざる	ね ざれ	○ ざれ	特殊	①打消(～ない)
7	未然形	じ	じ	じ	じ	じ	じ	じ	無変化	①打消推量(～ないだろう) ②打消意志(～ないつもりだ)
8	未然形	む	ま	み	む	む	め	め	四段	①推量(～だろう) ②意志(～しよう) ③仮定(～ならば) ④勧誘(～ませんか) ⑤婉曲(～ような) ⑥適当(～ほうがよい)
9	未然形	むず	むぜ	むじ	むず	むずる	むずれ	むぜよ	サ変	①推量(～だろう) ②意志(～しよう)
10	未然形	まし	ましか ませ	○	まし	まし	ましか	○	特殊	①反実仮想(もし～たならば、～ただろうに) ②ためらいの意志(～しようかしら)
11	未然形	まほし	まほしく まほしから	まほしく まほしかり	まほし まほしかり	まほしき まほしかる	まほしけれ まほしかれ	○ まほしかれ	形容詞	①希望(～たい)
12	連用形	き	せ	○	き	し	しか	○	特殊	①過去(～た)
13	連用形	けり	けら	けり	けり	ける	けれ	けれ	ラ変	①過去(～た) ②詠嘆(～なあ)
14	連用形	つ	て	て	つ	つる	つれ	てよ	下二段	①完了(～た) ②強意(きっと～・必ず～)
15	連用形	ぬ	な	に	ぬ	ぬる	ぬれ	ね	ナ変	①完了(～た) ②強意(きっと～・必ず～)

16	17	18	19	20	21	22	23	24	25	26	27	28
連用形			終止形 ラ変連体 （ウ段音）						体言 連体形	体言	サ変未然 四段已然	体言 連体形 助詞
たり	けむ	たし	らし	べし	まじ	らむ	なり	めり	なり	たり	り	ごとし
たら	けま	たく たから	らし	べく べから	まじく まじから	らま	なら	めら	なら	たら	ら	ごとく
たり	けみ	たく たかり	らし	べく べかり	まじく まじかり	らみ	なり	めり	なり に	たり と	り	ごとく
たり	けむ	たし たかり	らし	べし べかり	まじ まじかり	らむ	なり	めり	なり	たり	り	ごとし
たる	けむ	たき たかる	らし	べき べかる	まじき まじかる	らむ	なる	める	なる	たる	る	ごとき
たれ	けめ	たけれ たかれ	らし	べけれ べかれ	まじけれ まじかれ	らめ	なれ	めれ	なれ	たれ	れ	ごとけれ
たれ	けめ	○ たかれ	らし	○ べかれ	○ まじかれ	らめ	なれ	めれ	なれ	たれ	れ	○
ラ変	四段	形容詞	無変化	形容詞		四段	ラ変		形容動詞		ラ変	形容詞
①完了（〜た） ②存続（〜ている・〜てある）	①過去推量（〜ただろう） ②過去の原因推量（どうして〜たのだろう） ③過去の伝聞婉曲（〜たとかいう・〜たような）	①希望（〜たい）	①推定（〜らしい）	①推量（〜だろう） ②意志（〜しよう） ③可能（〜できる） ④当然（〜はずだ・〜べきだ） ⑤命令（〜せよ） ⑥適当（〜ほうがよい）	①打消推量（〜ないだろう） ②打消意志（〜まい） ③不可能（〜できない） ④打消当然（〜はずがない・〜べきでない） ⑤禁止（〜するな） ⑥不適当（〜ないほうがよい）	①現在推量（今ごろ〜ているだろう） ②現在の原因推量（どうして〜ているのだろう） ③現在の伝聞婉曲（〜ているとかいう・〜ているような）	①伝聞（〜とかいう・〜そうだ） ②推定（〜ようだ・〜が聞こえる）	①推定（〜ようだ） ②婉曲（〜ようだ）	①断定（〜である） ②存在（〜にいる・〜にある）	①断定（〜である）	①完了（〜た） ②存続（〜ている・〜てある）	①比況（〜のようだ） ②例示（〜のような）

敬語表

50音	敬語	種類	本動詞の意味
あ	あそばす	SS	なさる
い	います	S	いらっしゃる
	いまそがり	S	
う	承(うけたまは)る	K	うかがう・お聞きする
			いただく
お	おはす	S	いらっしゃる
	おはします	SS	
	仰(おほ)す	S	おっしゃる
	思(おぼ)す	S	お思いになる
	思(おも)ほす	S	
	思(おぼ)し召(め)す	SS	
	大殿(おほとの)ごもる	SS	おやすみになる
き	聞(き)こす	S	お聞きになる
	聞(き)こしめす	SS	お聞きになる
			召し上がる
	聞(き)こゆ	K	申し上げる
	聞(き)こえさす	KK	
た	賜(た(たう))ぶ(給(た(たう))ぶ)	S	お与えになる
	賜(たまは)す	SS	
	賜(たまは)る	K	いただく
つ	遣(つか)はす	S	おやりになる
	仕(つかまつ)る	K	お仕えする・いたす・してさしあげる・し申し上げる
	仕(つか)う奉(まつ)る		
の	宣(のたま)ふ	S	おっしゃる
	宣(のたま)はす	SS	
は	侍(はべ)り	T	あります・おります
		K	お仕えする
ま	申(まう)す	K	申し上げる
	ます	S	いらっしゃる
	まします	SS	
	参(まゐ)らす	KK	差し上げる
	参(まゐ)る	K	参上する
			差し上げる
		S	召し上がる

見出し	語	種類	訳
け	啓(けい)す	KK	(中宮・皇后・東宮に)申し上げる
こ	御覧(ごらん)ず	SS	ご覧になる
さ	候(さぶら)ふ	T	あります・おります
		K	お仕え申し上げる
し	しろしめす	SS	お治めになる 知っていらっしゃる
そ	奏(そう)す	KK	(天皇・上皇に)申し上げる
た	奉(たてまつ)る	K	差し上げる
		S	お召しになる 召し上がる お乗りになる
	給(たま)ふ	S	お与えになる・くださる
		K	〜です・〜ます・〜させていただく ※訳はT。会話・手紙文中の補助動詞で「思ひ・知り・見・聞き・覚え」の下につく。
ま	参(まゐ)る	S	お召しになる
	詣(まう)づ	K	参上する・参詣する
	罷(まか)る	K	退出する 参ります・出かけます(T)
	罷(まか)づ	K	退出する 参ります・出かけます(T)
め	召(め)す	S	召し上がる お召しになる お乗りになる ご覧になる お呼びになる 取りよせなさる
を	食(を)す	S	お召しになる お治めになる

NOTE

NOTE

動画の二次元コード一覧

授業動画

Chapter 1

Chapter 2

Chapter 3

総合問題

一問一答（動画で暗唱！）

Chapter 1

Chapter 2

Chapter 3

総合版

古文読解
どこでも
ミニブック